音楽・情報・脳

（三訂版）音楽・情報・脳（'23）

©2023　仁科エミ・河合德枝

装丁デザイン：牧野剛士
本文デザイン：畑中　猛

o-42

まえがき

　歌をうたい楽器を奏でて楽しむこと、そしてそれらを聴いて楽しむことは、人類にとって極めて普遍性の高い行動領域のひとつです。そこに生み出される音楽の実体は情報をもった空気振動であり、それは鼓膜を揺るがし、脳の聴覚系および報酬系神経ネットワークを活性化させて、美しさ、快さ、感動、安らぎなどを私たちにもたらします。

　このように、空気振動をつくり出す行動から脳の反応に至る音楽という現象と人間という生物との関わりについて、情報学的・脳科学的なアプローチをできるだけ広い視点に立って試みよう、というのが本書『音楽・情報・脳』の狙いです。そのために、対象はもとより音楽に対する考え方、やり方に至るまで、特定の文化圏のものに絞るのではなく、文化の系統を異にする多様な音楽を差別なく幅広く取りあげることに留意しました。したがって本書では、これまでわが国でスタンダードとみなされがちだった西洋芸術音楽を基準にするやり方を、採用していません。もちろん素材も、西洋芸術音楽を中心に据えるのではなく、日本伝統音楽やバリ島の伝統芸能からアフリカ狩猟採集民の多声合唱に及ぶさまざまな音楽をグローバルな視野に立って準備し、放送教材で実際に聴いていただきながら、その情報構造を検討します。あわせて、音楽はその社会のライフスタイルを反映するという見地から、人類史的な時間尺度にも配慮し、地球社会の多様なライフスタイルと音楽との関わりを考察する手がかりを得ることを意識しました。さらに、音楽だけを他から切り離して取りあげるのではなく、多くの場合音楽と密接な関わりをもって演じられる舞踊・演劇・儀礼などのパフォーマンスやそれらが結集する祝祭にも視野を広げます。アプローチの方法論としては、音楽の情報構造を分析する音響学・情報科学の手法、音が人間に及ぼす影響を検討する脳科学を中軸とする生理学的・心理学的・認知科学的手法を導入します。その結果、本教材の内容はおのずと、複数の専門領域が交錯する性格をもつようになっています。

　こうしたなかから浮かびあがってきた注目すべき事象が、［可聴域上限をこえる超高周波成分］、［知覚限界を超えるミクロな時間領域におけるゆらぎ構造］という知覚や意識で捉えることが難しい情報構造が音楽において重要な役割を果たしている場合がある、という新しい知見です。超高周波成分もミクロな時間領域でのゆらぎも、ともに楽譜で表したりそれ自体を知覚できるものではありません。しかしこうした非（超）知覚情報が、脳の報酬系を活性化することによって音楽を音楽たらしめる重要な役割を果たしている可能性を否定できないのです。これは、情報学による音楽へのアプローチの成果のひとつであり、「音楽とは何か」という本質的な問題を考察する新しい材料と方法を提供するものではないかと考えています。情報学には、学術・技術・芸術の枠組みを超え、文科・理科の壁をも乗り越える潜在活性が期待されています。音楽に対する情報学的アプローチが、そうした期待を実現するものになることを願ってやみません。

　このような複数の領域にまたがる研究分野では、専門用語や数式の多用によって知識獲得の敷居が高くなることを避ける必要があります。そこで本教材では、できるだけ一般概念をもちいて内容を記述するとともに、研究の方法論についてはやや省略した記述となっていることをあらかじめお断りしておきます。研究方法そのものに関心をおもちの方は、参考文献に掲げた論文や書籍で学ぶことをお勧めします。また、ラジオ教材の音声と解説図版・字幕とを同期提示する実験的な教材を制作・公開する予定ですので、ぜひ学習に役立ててください（放送大学学生限定。放送大学 SYSTEM WAKABA から視聴できます）。

　本書の内容は、執筆者共通の師である大橋力博士（文明科学研究所所長、元放送大学客員教授）の創始による学術・技術・芸術を融合させたアプローチの成果でもあります。教材作成にあたってはそれら共同研究成果や映像音響資料を惜しみなく盛り込むことをお許しいただき、また多くの示唆と助言をいただきました。また、貴重なコメント・情報提供や実演にご協力くださいました琵琶奏者・半田淳子先生、尺八奏者・中村明一先生、株式会社コルグの三枝文夫さん・今泉泰樹さん、教材素材

をご提供くださった共同研究者のみなさま、印刷教材の編集をご担当くださった根本英絵さん、放送授業の担当プロデューサー小林敬直さん、ラジオ字幕番組制作にご尽力くださった広瀬洋子放送大学教授、TV授業「音楽・情報・脳'13」のディレクターだった園田真由美さんにも大変お世話になりました。ここに感謝の意を表します。

2023年3月

仁科エミ、河合徳枝

目 次

1 | 音楽と情報学、音楽と脳科学

仁科エミ

　情報学の進展は、音楽をはじめとする文化的事象を、情報現象として、さらに生命現象として捉え、科学的な研究の対象とすることを可能にした。とくに脳科学と連携したその成果は大きく、「音楽とは何か」といった本質的な問題を科学的に考察可能にする新しい材料が多出している。本章では、情報学を応用して音楽にアプローチするこの科目の特徴とその全体像を紹介する。

1．情報現象、生命現象としての音楽

　音楽を研究の対象とする学問として、音楽学、美学、芸術学といった専門領域が確立しており、すでに膨大な知見が蓄積されていることは言うまでもない。また、現代社会での一般的な認識として、たとえば広辞苑（第7版）によると、音楽とは「音による芸術。拍子・節・音色・和声などに基づき種々の形式に曲を組み立て、奏すること。器楽と声楽とがある」、といった芸術の一領域としての説明がなされている。しかしこの音楽の定義では、音楽を創る、つまり情報を発信する側についてもっぱら述べられており、音楽を鑑賞する、つまり情報を受信する側についての言及がない。また、「音による芸術」とみなされている現代音楽のなかには、「拍子・節」などを具えていないものも少なからずあり、「音楽とは何か」という定義自体、現時点では極めて難しくなりつつある。それに対して、音楽を構成しているのが「音」であることについては、異論は少ない。同じく広辞苑によると、音とは「物の響きや人・鳥獣の声。物体の振動が空気の振動（音波）として伝わって起こす聴覚の内容。または、音波そのものを指す」といった説明がなされている。音

に対するこのような定義には、分野や立場による違いはあまり見られない。

　そうしたなかで、本書における情報学的なアプローチでは、音楽の音としての側面を重視する。そして音楽に対する従来の主に人文社会科学的なアプローチと比べて、取り扱う対象や研究の方法論において、これまでとはかなり違った面をもっている。

　本書のアプローチの特徴は、音楽を〈情報現象〉そして〈生命現象〉として取り扱うことにある。音は物理的には空気の振動なので、これを数量化し、情報科学の枠組みで捉えることができる。しかし、それだけではなく、音楽は人類という種に固有の生命現象として、生命科学の枠組みで捉えることができることに着目する。さらに、情報現象としての音楽と生命現象としての音楽とを〈脳科学〉によって架橋することができ、これによって、物理振動である音楽を精神の現象である美しさ、快さそして感動へと結びつける新しい科学の体系が成り立つ。

　こうした背景に基づき、本書では、声や楽器を使って人間が主体的につくり出し人間の感覚神経系を刺激する情報のなかで、脳の聴覚系とともに快感を生み出す神経回路〈報酬系〉（第 3 章参照）を活性化する人工物を〈音楽〉と捉え、これを研究の対象にする。なお、私たちの五感は常に複合的に刺激され総合的に働いている。したがって、耳から入力される聴覚情報を中心とする音楽に着目する場合であっても、目から脳へ入力される視覚情報、香りなどの嗅覚情報、あるいは触覚や皮膚感覚からの情報も、それが脳の報酬系の活性化に関わるものであれば、ここで取り扱う対象から外すことはしない。

　これらにともない、これまでの音楽学などで非常に重視されてきた「音楽理論」「創作者」「演奏者」「作品の故事来歴」などを決して無視するものではないにせよ、それらの比重は相対的に高くないものとなる。それらに代わって、対象から出てきて人間に受容される情報そのものがどのような構造をもち、それらがどのように、そしてどこまで受容者の脳の報酬系を活性化するかが、決定的な意味をもつ。したがって、誰が作曲したかを同定することができない伝統音楽や芸能であっても、「脳

の報酬系を活性化する情報を対象とする」という立場からして、いわゆる純粋芸術と差別することはしない。このように考えてくると、美しさ、快さ、歓び、すなわち〈感性反応〉を導く創造物を情報学的アプローチで取り扱う場合、その対象を「芸術」と呼ぶことは、むしろ誤解を招くおそれがある。それよりも、感性反応を導く〈感性情報〉という新しい用語の方が適切な場合が多く、そうした場合には感性情報という言葉を使うことにする。

　なお、日本において音楽を取り扱うときに、ひとつ注意しておくべきことがある。それは、わが国では、音楽を学術的に扱う基盤が〈西洋音楽〉、とりわけ17世紀頃から20世紀初頭にかけての、いわゆる「クラシック音楽」に設定されている場合が圧倒的に多いことである。それは、明治時代以降の急速な近代化のなかで構築された日本の音楽教育を含む文化状況に負うところが大きい。

　1879年（明治12年）、音楽教育の調査・研究のために〈音楽取調掛〉（のちの東京藝術大学音楽学部）が日本政府によって設立され、以後、西洋音楽の学校教育への導入が推進されていった。第二次世界大戦後においても、「ヨーロッパ音楽の音組織を、音楽教育の基礎として教える」（1947年文部省学習指導要領試案第1学年）という大方針は変わらなかった。こうした状況に対して、音楽学者小泉文夫は、『日本伝統音楽の研究』（文献1）などによって、わが国に古来から伝わる音楽の独自性と重要性を示し、西洋に偏った音楽教育の見直しを強く主張した。また、評論家中村とうようは、世界各地のポピュラー音楽や伝統音楽を差別なく紹介することに尽力した（文献2）。折からのグローバル化によって世界各地の多様な音楽についての情報が急速にわが国に流入し、1980年代後半からはいわゆるワールド・ミュージックがブームとなったこともあり、西洋音楽も民族音楽のひとつとする見方も少しずつ浸透してきた。これらを反映して現在は見直しの途上にあるとはいうものの、日本伝統音楽が私たち日本人の音楽体験のなかに占める比重はそれほど大きくないという状況も否定できない。しかし、地球上の音楽の全体を、人類史的な拡がりと時間尺度のなかで生命現象として検討するに

際して、現在一般的な西洋音楽に絞り込んだ着眼は、むしろ極めて偏ったものとなりかねない。とくに情報現象・生命現象として音楽を検討するにあたっては、西洋音楽をあたかも人類にとって標準的な音楽と捉えるよりも、それを個性的な民族音楽のひとつとして相対的に捉えることが有効であり、少なくとも安全であると考えられる。しかも、西洋音楽についてはすでに多くの知見の蓄積があり、屋上屋を架す必要もない。そのため、本書は、非西欧近代文化圏の音楽をより積極的に取りあげ、地球上の音楽の実態にできるだけ接近するように努めている。

2.　音楽・情報・脳を架橋する試み

　本書は、「音楽」「情報」「脳」を緊密に連携させた研究の実例について、その具体的な内容を紹介することを通じて、音楽に情報学的にアプローチする独自の方法論の有効性と射程を示すことを目指している。それは、情報現象としての音楽の基礎にある音の物理構造を明らかにする科学的な手法と、そうした情報が導く報酬系の活性化をはじめとする脳の受容反応を捉える脳科学的な研究手法とを、高度に融合してもちいるものといえる。ただし現状では、報酬系の反応を捉える脳科学的な研究手法は、必ずしも十分に整備されていないという限界があることは否定できない。ちなみに、この研究目的に原理的に適合性の高い非侵襲的な脳機能計測手法（脳の状態や働きを傷や痛みや危険をともなわずに調べる方法）である脳波、ポジトロン断層撮像法（PET）、機能的磁気共鳴画像法（fMRI）などは、もともと病気の診断のために開発された手法であり、音楽が導く反応の計測にそのまま使うことにはかなりの困難がともなう。なぜならそれらは計測に際して、負担や緊張、恐怖感などネガティブな反応を導く場合がほとんどであるため報酬系の働きは抑制されがちとなる。さらに、放射性物質をもちいる PET では計測回数が厳しく制約され、fMRI では計測時に大きな騒音が発生して音呈示の妨げになる。報酬系の活性化を妨げるそのような計測環境のもとでは、その計測ストレスに感性反応が埋没して結果が現れにくくなるおそれがある。さらに、こうした特殊な医療用計測環境のなかで芸術情報、感性情

報を呈示すること自体が、容易ではない。音楽が創出される現場で計測を行うことは、さらに困難を極める。脳科学的手法のもつ潜在活性を最大限活用することは、今後の大きな課題といえる。現時点では、計測用インターフェースや計測環境の改善に大きな力を注ぎ工夫を凝らすとともに、報酬系の反応を反映しうる生理学的手法や心理学的手法を複数、組み合わせてアプローチすることが効果的であり、本書ではそうした手法を重視している。

　このような音楽に対するアプローチを実現するためには、高度に細分化された研究手法ひとつだけでは不十分であり、ひとりの研究者が音楽から脳科学にわたる複数の研究手法を使いこなすことが求められる。しかしこれを実行するためには、原理を異にする複数のアプローチを融合しなければならない。高度専門分化を極めている現在の学術体制のなかでは、たいへんな困難をともなう。

　こうした現在の状況を予言するような発言を、すでに1917年にマックス・ウェーバーが行っている。彼はミュンヘンの大学生たちに向けた講演で、次のように述べた。「およそ隣接領域の縄張りを侵すような仕事には、一種のあきらめが必要である。（中略）実際に価値ありかつ完璧の域に達しているような業績は、こんにちではみな専門家的になしとげられたものばかりである。それゆえ、いわばみずから遮眼帯を着けることのできない人（中略）は、まず学問には縁遠い人々である」（文献3）。こうした専門分化方式によって学術の飛躍的な発展が促されたことは言うまでもない。一方、あまりにも先鋭化した専門分化によって、専門領域をまたがる問題（たとえば環境問題）への対応が著しく遅れ、研究者の過度な限定的単機能専門分化に基づく活性低下が進むなど、多くの弊害が生じていることも否定できない。

　従来の専門分化した学術体制は、出力機能主導型単一固定モードの問題解決方式といえる（図1-1、文献4）。この専門分化型の問題解決方式では、有限個の専門分化した単一機能のみの、しかし極めて性能のよい多数の問題解決装置を組み合わせて構成・固定されている。問題が入力された時、常に作動状態に立ち上げられている装置のいずれかに割り

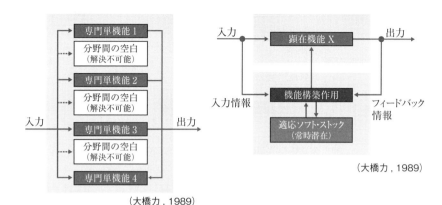

（大橋力 , 1989）

（大橋力 , 1989）

図1‐1　出力機能主導型単一固定　　図1‐2　入力問題主導型の問題解決
**　　　　モードの問題解決方式　　　　　　　　方式**

振ると、直ちに良質の出力（解決）が得られる。その速度は迅速で、作業の質も高い。ところがこの方式では分野間に必ず空白が生まれ、その空白に生じた問題への対応はつかない。これは高度専門家たちのみに依存する出力機能主導型単一固定モードの問題解決システムの致命的な限界といえる。そのなかで研究者は、その専門に特化した能力は磨かれる一方、その他の分野に関わる能力の研鑽は意図的に放置される。そうした専門知識は高いレベルにあっても日常的にはほとんど必要ない人材や装置を常に維持しなければならないため、莫大な社会的コストがかかることも無視できない。

　これと反対のやり方である入力問題主導型の問題解決システムは、高度に専門分化していない伝統的な地域共同体などで一般的に見られる（図1‐2）。この方式では、問題解決に機能するシステムはソフトウェアとして人間それ自体や共同体のなかに潜在的に用意され、必要なときにだけそのソフトウェアを立ち上げて問題解決体制を構築・作用させ、終わったら解体する。泥棒が発生したらおもむろに警察のシステムを立ち上げて捕まえるような泥縄式であり、どんな入力にも対応できる代わりに、立ち上がりは遅く問題解決作業の質は必ずしも高いものにはならない。

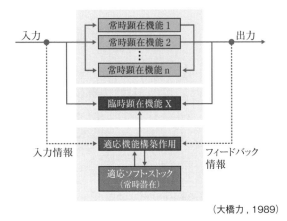

（大橋力, 1989）

図1-3　出力機能主導型／入力問題主導型のハイブリッド問題解決方式

　こうした出力機能主導型と入力問題主導型それぞれの限界を克服する
ためには、この両者を組み合わせたハイブリッド型の問題解決方式があ
ればよいことになる（図1-3）。常時あるいは頻繁に入力される問題に
対しては解決機能を常備しておき、入力頻度の低い問題に対応するもの
はソフトウェアの形で格納しておき、必要なときだけ立ち上げて終わっ
たら解体する。研究でいえば、それぞれの専門領域はもちつつ、その守
備範囲を超える問題が入力されてきた場合には、ためらうことなく専門
の壁を超えて柔軟に対応する、ということになる。

　芸術・技術・学術にまたがる音楽、情報、脳を結ぶ本格的な研究には
まさにこうしたハイブリッド型の問題解決方式が有効であり、そのため
には、ウェーバーの勧めた「遮眼帯（めかくし）」を外すことが必須の
要件として求められる。さらに、脳科学の研究では、研究者自身の脳の
もつ感性情報に対する反応も暗黙的研究対象・方法に含まれることが多
く、いわゆる「自己言及性」から完全に解放されることが原理的に困難
であるという問題がある。このことからすると、音楽を研究しようとい
う脳科学者は、理想的には、その科学的活性に見合ったレベルの芸術的
活性をもつことが望ましい。たいへん困難なことではあるが、とくに脳
に関わる研究ではこうした非限定非分化全方位型活性によって初めて、

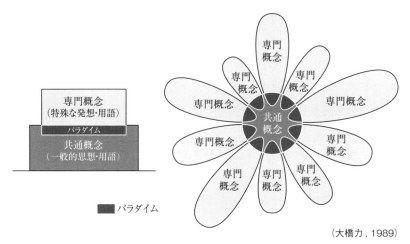

（大橋力 , 1989）

図1-4　パラダイムをインターフェースにした**専門概念の獲得**

分野加算型の研究ではなしえない大きな成果があがると期待されている。とはいえ、複数の領域にまたがる研究を行う場合、専門用語や数式などの専門知識を獲得するのは容易ではない。そうした専門の壁を乗り越え分野超越型の研究アプローチに威力を発揮するのが、パラダイムをインターフェースにした専門概念の獲得である（図1-4）。パラダイムとは科学史家のトーマス・クーンが提唱した概念で、いろいろな意味で使用されているが、ここでは物事の認識や概念の枠組みのことをいう（文献5）。専門領域では特殊な概念や用語が使われるものの、専門領域のもっとも基本的な枠組みは、専門性を超えたすべての分野に通じる一般的で共通の概念で必ず説明することができる。この共通概念で説明されうる、それぞれの専門の基本的枠組みこそがパラダイムである。つまり、パラダイムであれば専門外であっても理解しやすいため、パラダイムに相当する概念の枠組みを理解することによって、未知の分野を理解する糸口を得ることができる。そして、専門用語が必要となるところまで深入りしすぎないことが肝要となる。本書で紹介するそうした特徴を具えた研究の実例を通じて、情報学が求める研究活性についても、示唆的な材料を提供できれば幸いである。

3. 本書の構成

　本書は、以上のような多くの専門領域にまたがるアプローチを実践してきた著者たちが、それぞれの主軸となる領域を分担して執筆した。

　まず、生命現象として音楽を捉える基礎として、人間の脳の仕組みについて学ぶ。［第2章　聴く脳・見る脳の仕組み］では、音楽を含む感性情報を受容するときに必要な「音を聴く」「ものを見る」ための脳機能に着目し、聴覚と視覚の情報処理を対比しつつ、それぞれの神経系の仕組みについて学ぶ。そして、脳神経系の構造と機能の基本と、人間の脳機能を傷つけることなく観察するさまざまな先端的手法についても紹介する。そのいくつかは本書における重要な方法論となっている。続く［第3章　感動する脳の仕組み］では、音楽、映像、パフォーマンス、芸術作品といった感覚感性情報によって導かれる「美と快と感動」の基盤となる脳の情動神経系の構造と機能、そしてそれが生み出す情動・感情・感性の生命活動にとっての意義について学ぶ。これらによって、生命現象として音楽を理解する基礎を築く。以上のような脳についての基本的な知見を踏まえて、［第4章　音楽を感じる脳は変化を感じる脳］では、生物学的な視点からあらためて音楽を捉え直すとともに、音楽に必須である音の変化を捉える脳内メカニズムについて学ぶ。音楽と人間の脳機能との関係という観点から注目すべき事例として、絶対音感の成立にともなう脳構造の変化に関する研究も紹介する。これらを通して、音楽を感じるために必要な脳の情報処理のメカニズムについて、基礎的な知識を身に付ける。

　［第5章　音の情報構造を可視化する手法］では、音のマクロな情報構造を可視化し、記録・保存・伝達する古来の手法である〈楽譜〉について、文化の違いを超える共通性と文化の違いを反映した多様性とに注目して認識を深める。音楽の研究で有用性を発揮する音構造の可視化手法として、周波数構造を描き出す〈高速フーリエ変換〉、ミクロな時間領域における変化を捉えうる〈最大エントロピースペクトルアレイ法〉など、情報現象として音楽を取り扱う研究手法の原理を学ぶとともに、

音楽に使われる音や環境音の情報構造の多様性を学ぶ。［第6章　感性
脳を活性化する超知覚情報］では、知覚限界を超える超高周波成分が可
聴音と共存すると脳深部を活性化し、心身にポジティブな効果をもたら
すという音楽・情報・脳を結ぶ本格的な研究アプローチの成果を紹介す
る。この現象〈ハイパーソニック・エフェクト〉の発見の経緯をたどり
ながら、脳を活性化する超知覚情報について学ぶ。続いて、［第7章
日本伝統音楽の超知覚構造］では、音楽を構成する音そのものが独自の
進化と成熟を遂げてきた日本伝統音楽を対象に、その演奏音の情報構造
を精密に可視化する。なかでも人間の知覚領域を超える物理構造に着目
し、西洋の楽器との比較を通じて、日本伝統楽器の表現戦略について考
察する。

　音楽は音楽として独立して存在しているのではなく、それを生み出し
た社会と密接な関わりをもって成立していることにも注目する必要があ
る。「音楽の形式は、それを生み出した社会の構造を映し出す」という
音楽人類学的な観点を導入し、［第8章　共同体を支える音楽］では、
「緊密な絆で結ばれた優れた伝統的共同体では、音楽が共同体を成立さ
せる土台となっている例」を紹介する。共同体を支える音楽の多様な姿
を通して、共同体と音楽との間の一体性を築く仕組みの一端に、情報そ
して脳という切り口から触れる。［第9章　人類の遺伝子に約束された
快感の情報］では、共同体の絆となってきた優れた音楽やそれと一体化
している表現形式には、初めて触れる人をも感動させるものが存在する
ことに着目する。感性情報を受容する脳の仕組みに注目しながら、文化
伝搬の形跡が認められない共同体の間に共通して見出される、〈学習を
必要としない快感のシグナル〉と推定される視聴覚情報について学ぶ。
［第10章　音楽による共同体の自己組織化］では、感性情報が働きかけ
快感を発生させる脳の報酬系神経回路やその逆相をなす懲罰系神経回路
が高等動物の行動を極めて強く誘導制御していることに注目する。報酬
系神経回路の働きを活かし、共同体構成員の自律的行動を促してその自
己組織化を実現させる叡智を、バリ島共同体の音楽を主題にして学ぶ。
［第11章　トランスの脳科学——感性情報は人類をどこまで飛翔させる

か〕では、バリ島の共同体を例に、祝祭の極致で発生する〈トランス〉（意識変容）と、それを誘起する音楽、そして音の力を共同体の自己組織化に活かす叡智について学ぶ。共同体の絆となる音楽の自己組織化力の射程は、脳の行動制御回路のなかの報酬系をどこまで活性化し、いかに強力な快感と陶酔を共同体構成員に体感させるかにかかっているからである。

　〔第12章　コンピューターと音楽〕からは少し視点を変え、情報学と音楽をめぐる比較的新しい技術、現代社会と音楽や音との関わりについて考察する。コンピューターやネットワークなどの情報技術の発展によって、作曲・演奏・録音・配信など、音楽をめぐる技術環境は大きく変貌しつつある。コンピューターによる音楽制作、演奏情報を記述するMIDI、それらによってつくられたコンピューター音楽や音に関わるメディア規格について、これまでの講義を踏まえて考察する。〔第13章　人類本来のライフスタイルと音楽・環境音〕では、欧米を中心とする芸術音楽の歴史的展開のなかで登場した、調性を破壊した〈十二音技法〉による現代音楽と、人類本来のライフスタイルを今日まで伝えているといわれる狩猟採集民の音楽とを対比させながら、音楽における〈本来〉と〈適応〉を論じる。〔第14章　情報医学・情報医療の枠組みと可能性〕では、音楽や映像を含む感覚感性情報によって導かれる脳神経系の反応を医療に応用する〈情報医学・情報医療〉という新しい試みについて紹介する。脳の情報処理の側面から健康にアプローチする情報医学や情報医療がどのような生体機構を背景としているか理解するとともに、物質面から健康にアプローチする従来の物質医学との違いや特徴について学ぶ。〔第15章　最先端情報学・脳科学が拓く音楽の新しい可能性〕では、情報学の発展が音楽にもたらす可能性や今後の課題について論じるとともに、異分野を架橋する研究活性のあり方や研究データの信頼性の問題など、本書を通底する問題について考察を加える。これらを通じて、音楽と情報学・脳科学に対する新しい視座を涵養することを目指す。

🎵 研究課題

1-1 自分や親族が属している地域共同体に伝承されている伝統芸能と
してどのような音楽があるかを調べ、聴いてみよう。

1-2 日本の江戸時代（1603〜1868年）の間にヨーロッパと日本で活躍
した作曲家や楽曲の名前を調べ、その作品を聴いてみよう。

文献

1） 小泉文夫：合本日本伝統音楽の研究、音楽之友社（2009）
2） 中村とうよう：ポピュラー音楽の世紀、岩波新書（1999）
3） マックス・ウェーバー著、尾高邦雄訳：職業としての学問、岩波文庫（1936、
1980）
4） 大橋力：情報環境学、朝倉書店（1989）
5） トーマス・クーン著、中山茂訳：科学革命の構造、みすず書房（1971）

2 | 聴く脳・見る脳の仕組み

本田　学

　本章では、まず脳神経系の構造と機能の基本と、身体を傷つけることなく人間の脳機能を観察するさまざまな手法について学ぶ。そして、音楽などの感性情報を受容するときに必要な「音を聴く」「ものを見る」ための脳機能に着目し、聴覚と視覚の情報処理を対比しつつ、それぞれの神経系の仕組みについて学ぶ。これらを通して、人間の脳における感覚情報処理についての基本的な知識を身に付けることを目標とする。

1. 脳神経系の構造と機能

（1）脳の基本単位＝神経細胞

　現存するすべての地球生命は、自らの生存を維持するために必要十分な環境情報を捉え、伝達・処理し、その結果に基づいて生体を制御するシステムを具えている。もっとも始原的な単細胞生物の場合、遺伝子制御や酵素タンパクによる代謝調節のように、生命現象を支える化学物質そのものがメッセンジャーとなる。一方、複数の細胞が組織化された多細胞生物では、異なる細胞間で情報伝達を行うことが必須となる。そこで、たとえばホルモンなどのようにメッセンジャー専用の化学物質である〈シグナル分子〉が登場する。情報発信側の細胞で合成されたシグナル分子は、細胞間を移動して受信側の細胞に到達し、その細胞内外に存在する〈受容体〉と呼ばれる受信装置に結合することにより情報を伝達する。こうした生体情報伝達のメカニズムをさらに高度化したものとして神経系が存在する。神経系は、生体情報の伝達と処理に特化した〈神経細胞〉（ニューロン）を基本単位とするネットワークによって構成されるため、神経細胞間の情報伝達がさまざまな脳機能の基盤となる。

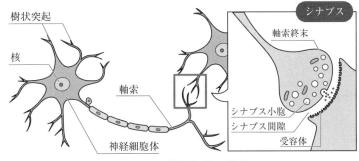

図 2 - 1　神経細胞の構造

　神経細胞は、遺伝子を格納した核、タンパク質等の合成・貯蔵・調節を担う小胞体とゴルジ装置、エネルギーを産生するミトコンドリアなど、一般的な細胞と同じように「家事」を担当する基本構造をほとんど具えているが、それに加えて、他の神経細胞と交信するために必要な固有の仕組みを有している。その代表が、〈軸索〉と呼ばれる突起状の構造である（図 2 - 1）。これは、生体情報をコード化した電気信号を長い距離にわたって送信するために特殊化したもので、その長さは 1 mm未満のものから 1 m 以上に及ぶものまでさまざまである。軸索は途中で枝分かれして、複数の異なる神経細胞に信号を送ったり、軸索を出しているその神経細胞自体に信号を送り返したりすることもある。神経細胞に具わっているもう 1 種類の突起状の構造が〈樹状突起〉であり、これは軸索から送られてきた情報を受信するアンテナの役割を果たしている。

　軸索と樹状突起との間で情報のやりとりを行っている部分を〈シナプス〉と呼ぶ。シナプスでは、軸索のなかを伝わってきた電気信号を化学反応によって次の神経細胞へとリレーする（図 2 - 2）。神経系で伝送される情報は軸索のなかを〈活動電位〉と呼ばれるインパルス状の電気信号として送られて、〈軸索終末〉と呼ばれる軸索の先端に到達する。するとその電気活動が引き金となり、軸索終末にある〈シナプス小胞〉のなかに蓄えられた特殊な化学物質である〈神経伝達物質〉が、軸索と樹状突起の間にある〈シナプス間隙〉へと放出される。シナプス間隙に放出された神経伝達物質は、信号を受信する側の細胞の表面にある〈受容

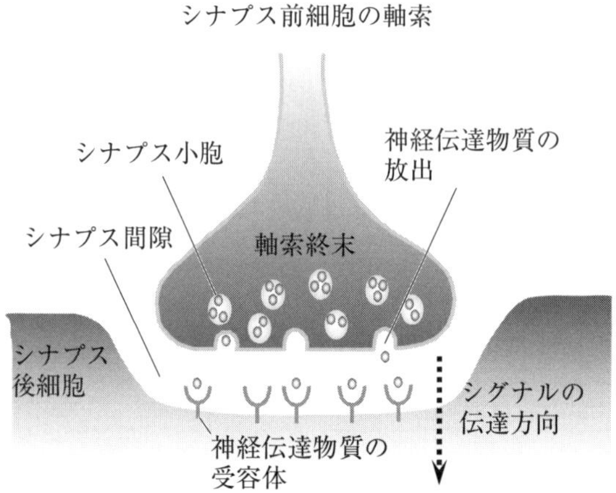

図2-2　シナプスにおける情報伝達の仕組み

体〉と呼ばれる受信装置と結合して化学変化を引き起こし、電気活動を発生する。これを〈シナプス後電位〉と呼ぶ。一般に受信側の神経細胞の樹状突起には多数のシナプスが存在するため、個々のシナプスで発生したシナプス後電位が加算あるいは相殺しあい、最終的にその神経細胞が発火するかどうか、すなわち活動電位を発生するかどうかが決定される。このようにして、複数の入力信号の間での演算が行われるのである。

　シナプスにおける電気活動—化学反応—電気活動という変換の過程は、過去の反応の履歴や、他の神経細胞から同時に入力される情報の状態、そして共存する化学物質の濃度などによってさまざまに修飾され、その結果、信号の伝達効率が変化する。このメカニズムが、記憶や学習などの基盤になっていると考えられている。また、シナプスにおける神経伝達物質と受容体の関係は、いわば鍵と鍵穴の関係に似ており、特定の組み合わせのみで作動する。その一方で、受容体に結合する神経伝達物質は、送信側の神経細胞由来のものでなくとも、すなわちたとえばその他の部位から偶然そのシナプス間隙に到達したものであっても、同じ化学物質であれば同じ作用をもたらす。加えて、たとえ同一物質でなくとも、受容体と結合する部分の三次元構造が似ていれば、いわばニセの

合鍵として作用することがある。第3章で述べる〈麻薬〉などの〈精神変容物質〉はその典型的な例である。これらの事実は、神経系では情報処理と化学反応とが表裏一体の関係にあることを示しており、概念的には「脳における情報と物質の等価性」という、デジタル・コンピューターと脳神経系とを対比させる最大の特徴のひとつとなっている。

（2）脳の構造と機能

　こうした神経細胞を基本単位として、高度に複雑なネットワークを構成し情報処理に特化した器官が、人間を含む脊椎動物に具わった〈脳〉である。人間の脳には約1000億個以上の神経細胞があるといわれており、それぞれが数多くの神経細胞と連結している。脳は、豆腐に似た柔らかくてもろい構造であり、物理的な衝撃に対して脆弱であるため、〈髄液〉と呼ばれる緩衝材の役割を果たす液体に浸って頭蓋骨のなかに格納されている。その外観を見ると、大きく〈大脳〉〈小脳〉〈脳幹〉の三つに分けられる（写真2−1）。

　脳を上から観察すると、人間の脳で一番大きな体積を占める〈大脳〉が、深い溝で左右二つの半球に分かれているのが見える。表面を覆う

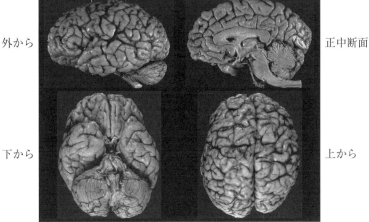

外から　　　　　　　　　　　　　　　　正中断面

下から　　　　　　　　　　　　　　　　上から

写真2−1　人間の脳の外観

〈大脳皮質〉の最外層は、神経細胞の細胞体が集合した3〜5 mm程度の厚さの層構造をなしており、肉眼で灰白色に見えることから〈灰白質〉と呼ばれる。大脳皮質の深部には、信号伝送を担う軸索が束になった部分があり、〈大脳髄質〉あるいは〈白質〉と呼ばれる。大脳表面には、〈脳回〉と呼ばれる隆起と、〈脳溝〉と呼ばれる溝があり、この皺構造が発達することによって、多数の神経細胞を格納するために必要な大脳皮質表面の広い面積が確保される。ちなみに人間の大脳表面積は約2500 cm^2（ほぼ新聞紙一面大に相当）といわれている。

　大脳皮質は、一見どこも同じような構造に見えるが、場所ごとに視覚・聴覚・触覚などの感覚情報処理、運動制御、そして思考・記憶・空間認知などのさまざまな高次機能を担っている。このように脳の異なる場所が、特定の異なる機能を担っていることを「脳機能局在」と呼ぶ。一方、大脳の表面だけでなく、白質の深部にも〈大脳基底核〉や〈大脳辺縁系〉など神経細胞が集合した部位があり、情動や動機などと深い関連をもった働きを担っている。

　大脳の後下方に位置しているのが〈小脳〉である。人間の場合、小脳の体積は大脳よりかなり小さいが、そこに含まれる神経細胞の数は大脳に含まれるものよりむしろ多いといわれている。小脳は、身体のバランスを保ち、滑らかな動きを実現するなど、感覚情報に基づく運動のフィードバック制御や学習に重要な役割を果たしている。最近では、小脳が身体運動だけでなく、広く認知機能や情動の制御にも不可欠であることが明らかにされている。

　大脳、小脳の奥深くに位置している部分が〈脳幹〉であり、大脳半球の間で分割した正中断面でもっともよく観察される。脳幹は、ちょうどキャベツの芯のように脳の中央深部に位置し、大脳と小脳と脊髄とを連絡する。しかし、脳幹の機能は脳神経系の末梢と中枢を結ぶ情報の中継だけではない。たとえば、呼吸・心拍・体温・睡眠・意識など、生体の生命維持機能を直接調節するとともに、〈自律神経系〉や〈内分泌系〉の最高中枢として全身の〈恒常性〉（ホメオスタシス）を維持し、〈免疫系〉など自己監視システムを統御する。加えて、動物の行動を誘導する

快不快といった始原的な情動や、食欲・性欲・睡眠欲といった生理的欲求を生み出す原動力となる。脳幹には、神経核と呼ばれる小さな神経細胞の集団が数多く存在し、それらが損傷を受けると生命に重大な危機が及ぶことが多い。

（3）脳機能の階層性

脳の構造と機能は、そこに書き込まれた情報が状況や環境に合わせてどの程度変化しうるかという可塑性の観点と、個体あるいは種ごとにどの程度異なっているかという個別性の観点から、階層的なモデルとして整理することができる（図2-3、文献1）。

まず、もっとも基底にある第一の階層は、生まれつき具わったプログラムが固定化され不変の状態で記録された脳機能であり、脳のなかでは主に脳幹がこれを担当する。この階層の脳機能は、生体を取り巻く環境が変化しても変更されず、基本的に可塑性をもたない。コンピューターとのアナロジーでいえば、プリセット演算回路やリードオンリー・メモリーを搭載したCPUに相当する。また、同じ種類の生物の間では個体間の違いが極めてわずかであり、実質的に普遍的であるばかりか、異なる種間でも共通性が高い。これを〈プリセット脳〉と呼ぶことにする。

第二の階層は、生後獲得した情報が安定して不可逆的かつ強固に保持されることによって発現する脳機能であり、主に大脳辺縁系や大脳基底核などがこれを担う。いわゆる「刷り込み現象」のように、生後の学習

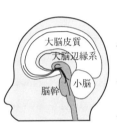

脳の性質	対応するコンピューターの装置	情報書き込み	情報保持	作用	機能の個別性
リライタブル脳	ハードディスク・RAM	後天的	可変	心理的	個人別
ライトワンス脳	CD-R	後天的	固定	文化的	社会集団ごとに固有同一社会内で共通
プリセット脳	CPU	先天的	固定	生理的	人類共通（一部は他の動物とも）

図2-3　脳機能の階層性モデル

によって獲得された情報であるが、いったん書き込まれると長期間にわたって変更されることなく安定して保持されることから、コンピューターとのアナロジーでいえば、CD-R などのライトワンス・メモリーに相当する。また、個別性という観点では、人間の言語や文化・社会習慣に典型的に見られるように、一定の社会集団のなかでは高度な共通性が認められるものの、種全体としては多様性に富む。これを〈ライトワンス脳〉と呼ぶことにする。

　そして、最上部の第三の階層の脳機能は、個体に書き込まれた後、時間の経過や他の情報の入力などによってたやすく消えたり、新しく書き換えられたりする情報に基づく脳機能であり、大脳皮質が主にそれを担う。この脳機能は必然的に個人の経験に大きく依存するため、個別性が極めて高い。コンピューターとのアナロジーでいえば、半導体メモリー素子やハードディスクのようなランダムアクセス・メモリー（RAM）が相当する。これを〈リライタブル脳〉と呼ぶ。

　こうした可塑性と個別性に着目した脳の構造と機能の階層的な整理は、音楽のように社会的・文化的背景をもった複雑な視聴覚情報が脳を介して人間の感性に及ぼす影響を検討するにあたって、とくに有効性を発揮する。

2.　人間の脳機能を調べる

　かつて脳の構造や機能を調べるには、死後の脳を標本にして観察する手法が主流であった。しかし 20 世紀の後半に医療分野で急速な発展を遂げた生体イメージング技術をもちいることにより、身体を傷つけることなく、すなわち非侵襲的に、生きている人間の脳機能を観察することが可能になった。これらの手法をまとめて、〈非侵襲脳機能イメージング〉（あるいは単に〈脳機能イメージング〉）と呼ぶ。

　脳機能イメージングは、神経細胞の電気活動を観察する手法と、神経活動にともなって生じる脳血流やエネルギー代謝の変化を観察する手法とに、大きく分けることができる（図 2 - 4）。前者に属するものとして、神経細胞のシナプス後電位の総和を反映する〈脳波〉（Electroencepha-

	背景となる生理現象	手　法	特　徴
電気活動	神経活動にともなって発生するシナプス後電位や活動電位	・脳波（EEG） ・脳磁図（MEG）	・時間分解能が高い ・空間解像度が低い
代謝・脳血流	シナプスでの化学反応によるエネルギー消費量の変化	・ポジトロン断層撮像法（PET） ・機能的磁気共鳴画像法（fMRI） ・近赤外線スペクトロスコピー（NIRS）	・空間解像度が高い ・時間分解能が低い

図2-4　神経活動を非侵襲的に捉える手法

logram；EEG）や、神経細胞内電流が引き起こす磁場を計測する〈脳磁図〉（Magnetoencephalogram；MEG）などがあげられる。

　後者に属する代表的なものとして、神経活動による脳血流やエネルギー代謝の変化を反映する〈ポジトロン断層撮像法〉（Positron Emission Tomography；PET）、脳血流と酸素代謝のバランスの変化を捉える〈機能的磁気共鳴画像法〉（Functional Magnetic Resonance Imaging；fMRI）、血液のなかの酸素を運搬するヘモグロビンの濃度変化を捉える〈近赤外線スペクトロスコピー〉（Near-infrared Spectroscopy；NIRS）などがある。

　こうしたさまざまな脳機能イメージングは、計測の対象となる現象がもつ性質の違いにより、互いに異なった長所と短所をもち合わせている。一般に電気現象を捉えるEEGやMEGは、高い時間分解能をもつ反面、空間解像度が劣る。一方、PETやfMRIなど脳の血流や代謝を指標とする手法は、空間解像度が優れている反面、時間分解能が劣る。それぞれの手法は、現実の複雑極まりない脳の姿をひとつの方向から眺めているにすぎず、単独で万能といえるものは存在しない。したがって特定の手法の所見を偏重することは、「木を見て森を見ず」ということになりかねない。それぞれの脳機能イメージングの特徴と限界をよく把握し、それらを効果的に組み合わせた総合的なアプローチをとることが望ましい。

（1）脳の電気活動を捉える

　頭皮上に二つの電極を置き、その間の電位差を、増幅器をもちいて記録すると、脳から発生した電位が記録できる。これが一般に〈脳波〉あるいは〈脳電図〉（EEG）と呼ばれるものである。脳波に記録される電位は、大脳皮質に存在する多数の神経細胞の樹状突起で発生したシナプス後電位の総和を反映しているものと考えられており、活動電位を記録したものではない。一般的に、大脳皮質の表面に対して垂直に並んだ神経細胞において、興奮性のシナプス後電位が樹状突起の先端に生じると、大脳皮質の表面では陰性電位を呈する。逆に、興奮性シナプス後電位が樹状突起の深部に生じると、皮質表面では陽性電位が記録される。大脳皮質のように、配列方向がそろっている一群の神経細胞が同期して興奮した場合、それら全体の集合は、一方がプラス、他方がマイナスの極性をもったひとつの〈電流双極子〉を形成するため、頭部外から観察することが可能になる（図2-5）。

　大脳皮質の比較的狭い領域で生じた電気活動は、発生源の直上のみで記録されるわけではなく、広く頭皮上に分布する傾向をもつ。これは、頭部の解剖学的な特徴による。大脳皮質の表面は、脳軟膜、髄液、くも膜、硬膜、頭蓋骨、皮下組織、皮膚というように、パイ皮のごとく幾重にも覆われていて、それぞれの構造物は異なった電気抵抗をもってい

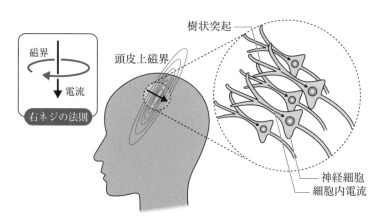

図2-5　電流双極子の模式図

る。なかでも頭蓋骨の電気抵抗は他の構造物に比べてけた違いに高く、その電流伝導率は、大脳皮質のすぐ外側にある髄液の、おおよそ 300 分の 1 である。その結果、大脳皮質の限局した部位で発生した電流でも、脳表では広く横に拡がってしまう。これを〈シャント効果〉と呼ぶ。しかも、脳を覆う組織の構成が部位によって異なるため、電流が横に拡がる時に、その分布が不均一に歪められてしまう。こうした空間解像度の低さは、脳波で記録された電位と脳の機能との対応を考えるとき、大きな制約となる。

　一方、電流双極子が生み出す微弱な電流のまわりには、「右ネジの法則」に従って微弱な磁場が発生する。この微弱な磁場を捉えるのが〈脳磁図〉（MEG）である。ただし、脳活動にともなう磁場の強さは、地磁気や都市の磁気雑音の約 10 億分の 1 から 100 万分の 1 といった極めて微弱なものであるため、計測環境中の磁気雑音の影響を排除するための厳重な磁気シールドや、微弱な電流を捉えるために液体ヘリウムで絶対零度近くまで冷やした超伝導コイルなど、大がかりな装置が必要になる。

　一方、脳磁図は脳波がもっていないさまざまな長所をもっている。第一に、脳磁場は発生部位周辺の解剖学的構造の影響を受けにくいために、脳波の泣きどころであった空間分布の歪みが小さいという利点がある。そのため電流双極子の三次元的な位置の推定が、比較的単純な計算で可能である。次に、電位は発生源からの距離の 2 乗に反比例して減衰するのに対して、磁場は距離の 3 乗に反比例して減衰する。さらに脳波は、頭部構造の電流伝導率の違いにより、頭皮上では実際よりも広く分布する傾向があるが、脳磁場にはそのようなことはない。以上の理由から脳磁図は脳波よりも空間解像度が優れているという利点がある。

　なお、脳波と脳磁図に共通した限界として、これらの手法は大脳皮質のように神経細胞が一定方向に整列し電流双極子を形成する部分の活動しか直接捉えることができない点があげられる。すなわち、脳の深部にある大脳基底核や脳幹の神経核のように、神経細胞の向きがバラバラの部位では、各神経細胞が発生する電位が相殺され、そこで発生する電気

活動を頭部外から直接計測することは困難になる。したがって、こうした部位の脳の活動を電気的に捉えるためには、次に解説する脳の血流・代謝活動との同時計測などにより、ターゲットとなる場所の神経活動の強さを間接的に反映する成分を見出し、それを計測するといった工夫が必要になる。

　自然な状態で記録される〈自発脳波〉のさまざまな周波数成分のうち、8〜13 Hz に相当する〈α帯域成分〉（または〈α波〉）は、安静覚醒時に高頻度で出現することが広く知られているが、その強度（パワー）の変動が脳のどの部位の活動を反映しているのかは明らかでなかった。しかし近年、脳波と PET や fMRI を用いた脳血流との同時計測により、脳波α波のパワーが脳深部に位置する間脳や脳幹の活動と正の相関を示すことが明らかになっている。このことから、脳波α波は間脳や脳幹に位置する〈報酬系神経回路〉（第3章参照）の活性の程度を間接的に知る指標としてもちいることが可能である。

（2）脳の代謝活動を捉える

　シナプスにおける神経細胞間の情報伝達は原則的に化学反応であるため、神経活動にともなって、活動が発生した部位のエネルギー消費が増加する。神経細胞がエネルギー源として利用することができるのはブドウ糖と酸素であるが、脳はこれらの物質を手元に蓄えておくことができないため、常に血液の流れによって供給する必要がある。したがって、神経活動が増加すると、その場所のブドウ糖と酸素の消費量が増加すると同時に、その場所の血流量が増える。こうした脳の局所における代謝と血流の変化を捉えるのが、PET、fMRI、NIRS といった一群の計測手法である（図2-6）。

　PET は、放射性同位元素で標識したブドウ糖や酸素をもちいることによって、脳の特定の場所における血流や代謝の変化を、放射性同位元素の集積度合いの変化として捉えて画像化する手法である。一方、fMRI は、非常に強力な磁場のなかで、水素の原子核の〈核磁気共鳴現象〉を利用して画像をつくる。概要のみ述べると、神経活動が発生する

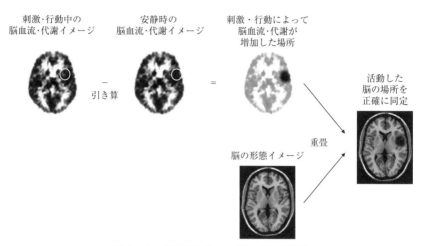

図2-6 脳機能イメージングの原理

と、その場所で酸素の消費量が増加するとともに、血流量が増えて血液中のヘモグロビンが大量の酸素を運んでくる。ヘモグロビンは内部に鉄を含むため、弱い磁石の性格をもっている。酸素と結びつくことで鉄が覆われた酸化型ヘモグロビンは、酸素と離れて鉄がむき出しになった還元型ヘモグロビンよりも磁石としての性格が弱いため、神経活動が発生した場所の磁場が変化し、それが信号変化として捉えられる。NIRSは、酸素を運搬するヘモグロビンに特異的に吸収される波長をもった近赤外線を、頭皮上から脳のなかに照射して、それがどの程度吸収されるかを計測することにより、血流量や酸素代謝の量を推定する手法である。

　PET や fMRI は、脳全体を画像化することにより、高い空間解像度で神経活動の位置を特定することが可能である。その一方で、神経細胞の電気活動と、血流やエネルギー代謝の変化との間には、間接的で複雑な非線形関係が存在するため、神経活動と信号変化との間に時間的な遅れが生じることが避けられず、また信号の変化量から神経活動の強さを推定する定量性にも問題がある。また、PET や fMRI は、いずれも計測のためには被験者を大型装置内に拘束する必要があり、また PET は放射線被曝許容量による実験回数の制約、fMRI ではジェット機並みの

轟音ノイズが大きな問題となる。

　一方、近年広くもちいられている NIRS は、小型装置で簡便に脳血流計測が可能であるが、生体内における近赤外線の到達距離に限界があるため、大脳皮質表面の反応しか計測できないという限界をもっている。そのため、意識や情動などに関連した脳深部に位置する神経組織の活動を捉えることは困難である。

（3）脳機能イメージングの限界

　脳の活動にともなう電気現象や代謝・血流の変化を捉える脳機能イメージングは、人間の脳機能に迫るうえで強力なツールとなり、現在広くもちいられているが、共通した限界をもっている。それは、脳機能イメージングで観察された脳活動が、知りたい脳機能を発揮するために必須であるかどうか、すなわち〈因果関係〉について知ることができない点である。脳機能イメージングでは、刺激や行動にともなって生じるなんらかの脳活動変化ではあるが、刺激を知覚したり行動を発現するためには必ずしも必須ではない派生的な神経活動を捉えることがありうる。観察された脳活動と機能との間に真の因果関係が存在することを明らかにするためには、その脳活動が干渉・阻害あるいは促進された場合に、感じ方や行動などターゲットとなる脳機能がどのように変化するかを検討する必要がある。

　脳に損傷を受けた患者の臨床症状の観察は、この点で極めて貴重な情報を提供してくれる。近年では、より実験的な手法として、磁気刺激や電気刺激を頭皮上から脳に与えることにより、脳の特定の部位の神経活動に一過性に外乱を加え、感覚や行動の変化を観察する手法が実用化されている。これら〈非侵襲脳刺激法〉と呼ばれる一群の手法は、脳機能イメージングと相補的な役割を果たすと考えられる。

　また、脳機能イメージングあるいは脳刺激法の手法の多くは、元来、医療目的のために開発されたため、計測環境自体が、被験者に不安や恐怖など無視できないネガティブな心理的・情動的バイアスを与えることが多い。したがって、微妙な心の動き、とりわけ音楽や芸術がもたらす

感動のように、ポジティブな情動や感性を計測することが、そのままで
は困難である。心を理解する道具として脳機能イメージングを活用する
ためには、こうした限界を克服するための特別な工夫が不可欠となる。

3.「聴く脳」「見る脳」の構造と機能

（1）リモートセンサーとしての聴覚と視覚の特性

　最初に、脳をもった生物が、環境から届くさまざまな情報を捉える感
覚神経系の特徴について整理する。感覚神経系のなかで、熱さ・痛さを
感じる温痛覚や圧力を感じる触覚・振動覚などからなる〈体性感覚〉
と、化学物質が介在する〈味覚〉および〈嗅覚〉は、生体が接している
直近の環境の情報を捉える仕組みであり、〈密接受容〉と呼ぶことがで
きる。一方、物体が発する波動の性質を捉える感覚、すなわち弾性振動
波である音を感じる〈聴覚〉と、電磁波の一種である光を感じる〈視
覚〉は、生体から空間的に隔たった地点の情報を捉える仕組みであり、
〈遠隔受容〉と呼ぶことができる。

　高等動物のように行動の自由度が著しく高まった動物は、こうした遠
隔受容の感覚メカニズムが作用することにより、その優れた運動能力に
つりあうだけの情報の射程距離や伝達速度、精度を確保することが可能
になった。音楽をはじめとする視聴覚情報を活用した芸術は、こうした
脳のリモートセンサー（遠隔受容器）を活用することによって実現して
いるといえる。そのため、感性情報が脳に及ぼす影響は、それぞれの情
報の担い手である光や音の物理現象としての特徴と、視覚や聴覚のセン
サーの特性という制約を必然的に受ける。そこで、視覚の特性と聴覚の
特性とを対比しながら整理してみる。

　光は、強い直進性をもち、周囲にわずかしか拡がらない。また、多く
の気体と液体を通過する一方で、不透明な固体により、容易に、かつ完
全に遮断される。こうした特性から、光は環境における情報源の位置や
細部の構造についての情報を極めて有効に伝達することができる。

　これに対して、音は、拡がりやすく回り込みが著しい点で光と大きく
異なっている。また気体、液体、固体それぞれの物体自体が振動するこ

とにより、音の伝搬の回路となりうることから、浸透性・到達性が極めて高い。したがって、音が運ぶ情報は、光に比べて位置情報が不正確であり、空間的な細部構造についての情報も乏しい。半面、高い到達性をもつことから、時間的に絶えることなく継続して環境情報を運び続けることが可能である。こうした情報の担い手となる波動自体の物理的特性の違いを反映して、視覚と聴覚は遠隔受容において巧妙な役割分担をしている。

　まず視覚は、高い空間解像度を具えると同時に、異なる波長を別々の「色」として分離して受容する優れた分光性能を具えており、極めて分析的なセンサーといえる。しかも、眼瞼という遮蔽装置によって、情報を受け取る側が「見たいものを見、見たくないものを見ない」というように、意図によって情報発信源を選択することが可能な、主体性の高い自己決定的なシステムといえる。

　これに対して聴覚は、非常に高い時間分解能を具えるとともに、音という弾性振動波の高い浸透性・到達性を活かし、空間の全体像とその変化を包括的・継続的に捉えるうえで適した特性をもっている。加えて、音を完全に遮蔽することが極めて困難であることからもわかるように、情報の受け手は自らの意図によって情報発信源を選択することが困難であり、情報を受け取る側の主体性・任意性を超えて、環境全体を継続的にモニターする傾向が強い。すなわち、少なくとも人間の聴覚は、自己決定性の低い、より環境主体の遠隔受容システムといえる。

　以上をまとめると、視覚系は関心対象から精密な情報を得る役割を担った、より主体に忠実なリモートセンサーとして働くのに対して、聴覚系は、環境全体の状況を忠実に把握し続けるために、空間的には全方位的に、時間的には継続的に情報を得るよう設計された、より環境に忠実なリモートセンサーと理解することができる。

（2）聴覚神経系の仕組み

　人間において、音信号の受容系として中心的な役割を果たしている〈聴覚神経系〉における情報受容は、おおまかに次のような階層構造を

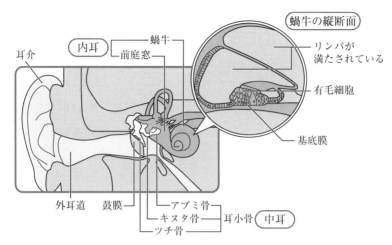

図2-7　末梢聴覚系の構造

もったメカニズムによって処理されていることが知られている。

　まず、環境から音としてもたらされた空気振動は、集音器の役割をする〈耳介〉から〈外耳道〉を経て〈中耳〉にある〈鼓膜〉に到達し、これを振動させる（図2-7）。鼓膜の機械的振動は、それに接した〈ツチ骨〉〈キヌタ骨〉〈アブミ骨〉といった三つの〈中耳骨〉（あるいは〈耳小骨〉）の梃子の働きによって増幅され、内耳にある〈蝸牛〉の〈前庭窓〉（または〈卵円窓〉）という薄い膜を振動させる。すると、蝸牛のなかを満たすリンパが振動して、それに浸された〈基底膜〉に進行波を発生させる。その時、周波数に応じて、高い周波数のときは根元の方だけが振動し、低い周波数では先の方まで振動する。

　基底膜上には、機械的な振動を電気信号に変換するトランスデューサーの役割を果たす〈有毛細胞〉が整然と並んでおり、これが揺り動かされると、その振幅に合わせて〈蝸牛マイクロフォン電位〉と呼ばれる連続的に変化する電気信号が発生する。つまり、有毛細胞の基底膜上の位置が、その細胞がもっとも鋭敏に反応する周波数（特徴周波数または最適周波数）を決定している。ちょうど特定の周波数に共振する弦が整列したピアノのように、同じ特徴周波数をもつ神経細胞集団が空間的に整列してつくる周波数地図は、〈トノトピー〉と呼ばれている。つまり、

38

センサーそのものがもつ位置情報が、周波数という時間的な成分を表現するために使われているのである。

この仕組みにより、機械振動の周波数成分ごとに定められた担当の有毛細胞が振動し、それと一体化した〈一次聴覚ニューロン〉が、その周波数成分のもつ振幅（音圧）に比例した頻度で神経インパルスを発生させる。こうした仕組みは、時間的に直線上に並んだ振動情報を周波数成分ごとの大きさに変換するという点で〈フーリエ変換〉によく似た周波数スペクトル解析だといえる。

このように、一次聴覚神経では定常、非定常を問わず入力してきた音の構造をできるだけ忠実に後段へと伝えるための仕組みが具わっている。こうして耳という感覚受容器で空気振動から電気信号へと変換された情報は、〈第Ⅷ脳神経〉である〈蝸牛神経〉を通って、中枢神経系へと入っていく（図2-8）。

中枢における聴覚神経系のひとつの特徴は、情報を中継する神経核が多いことである。中継を繰り返すことにより、徐々に情報の統合と分散、並列化が行われ、階層的に処理を複雑化させながら、音信号のもつさまざまな特性が抽出されていく。また聴覚神経系では、音の構造とそ

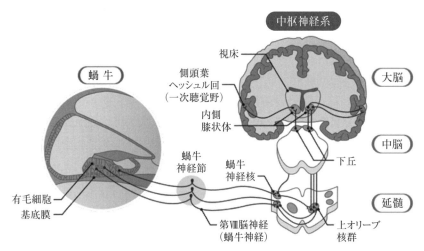

図2-8　中枢聴覚系の仕組み

の変化に関する分析結果を統合して、より高次の構造を認識する機構も
具えている。こうした機構が総合的に働くことにより、構造化された音
の情報を音楽として感じることが可能になると考えられる。その詳しい
仕組みについては、第4章で述べる。

（3）視覚神経系の仕組み

　主体に忠実なリモートセンサーである視覚は、その情報処理に関わる
神経系にも、聴覚とは異なる特徴が見られる。視覚神経系の入口は、眼
球である。生物の外界に存在する電磁波の一種〈可視光線〉は、眼球の
奥にある〈網膜〉の上に二次元的に配列した〈視細胞〉によって神経信
号へと変換されて、中枢神経系に送られる。

　眼球はいわばカメラの役割を果たしている（図2-9）。まず眼球の前
面にある〈眼瞼（まぶた）〉はレンズキャップの役割を果たしている。
人間の場合、眼瞼を意思によって閉じることができるので、意図的に見
る対象を選択することが容易に可能である。眼瞼を通過した光は、紫外
線を吸収して眼球内部を損傷から守る〈角膜〉、絞りの役割をもつ〈虹
彩〉、オートフォーカス・レンズの役割をもつ〈水晶体〉、水晶体と網膜
の間に一定距離を保つ〈硝子体〉を通って、写真フィルムに相当する網
膜へと到達する。

　網膜上に整列した光を捉えて神経活動に変換する視細胞には、主に網

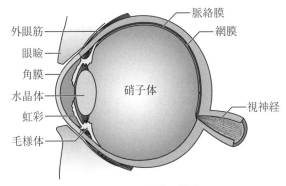

図2-9　眼球の構造

膜の中央付近に密集する〈錐体細胞〉と、周辺付近に多く存在する〈桿体細胞〉との2種類がある。錐体細胞はカラーフィルムに相当し、光線に含まれる三原色のそれぞれの波長成分ごとに高感度に反応する3種類の異なる細胞からなる。錐体細胞は、空間的な解像力は非常に高いが、光線の強度に対する感度は低く、弱い光には反応しない。人間の視野の中心で対象を捉える時は、主にこの錐体細胞が働く。一方、視野の周辺に多数存在する桿体細胞は、高感度の白黒フィルムに相当し、色に対する選択的な応答性はなく、空間的な解像力は劣っているが、微弱な光線や対象の動きに対して敏感に反応し、光に対する感度は錐体細胞の100倍程度ある。すなわち、中心視野は注意を向けた対象を詳細に分析することに適しているのに対して、周辺視野は何かが視野外から視野のなかに入ってきたり、視野に生じた光線の変化を検出することに適している。すなわち、中心視野はより主体優先性が高く、周辺視野はより環境優先性が高いといえる。

　網膜に投影された光の情報は、これら視細胞によって神経信号へと変換された後、神経節細胞から〈外側膝状体〉を経て、大脳皮質における視覚情報の入口となる〈一次視覚野〉へと到達する。一次視覚野においては、網膜の位置と大脳皮質の位置との間に空間的な対応関係が見られ、これを〈網膜地図〉または〈レチノトピー〉（retinotopy）と呼ぶ。一次視覚野に到達した情報は、その後、大脳皮質のなかで分業体制をとっている〈視覚連合野〉に送られ、それぞれの領域で、色・形・動き・立体感といったような基礎的な知覚から、顔の表情や質感といった高次の感覚認知を生み出し、それらの情報が合成されることにより、視覚像から環境を捉えることが可能になる。

　一方、生物を取り巻く環境は三次元空間の拡がりをもっているが、その視覚情報を捉えるセンサーである網膜は二次元の拡がりしかもたない。このため私たちは、事前の知識（たとえば「光は通常上から当たる」等）に基づいて構築された世界像モデルを脳のなかにもっており、「こう見えるはず」というモデルと実際に眼球から入力されてくる情報とを照合し、誤差を修正することによって、実態に近い三次元空間と信

じられる環境の像を脳のなかにつくっていると考えられている。こうした点でも、視覚は極めて主体的な感覚であるといえる。

🎯 研究課題

2-1　これまでに、人間の非侵襲脳機能イメージングをもちいてどのような脳機能が明らかになったか、例をあげて説明してみよう。

2-2　聴覚系と視覚系のリモートセンサーとしての特色が反映されていると考えられる、人間の視聴覚情報処理の例をあげて、説明してみよう。

文献

１）　大橋力：音と文明─音の環境学ことはじめ─、岩波書店（2003）
２）　酒田英夫、外山敬介編：岩波講座　現代医学の基礎　7　脳・神経の科学Ⅱ ─脳の高次機能─、岩波書店（1999）

3 | 感動する脳の仕組み

本田　学

　本章では、音楽、映像、パフォーミング・アート、芸術作品といった感覚感性情報によって導かれる「美と快と感動」の基盤となる脳神経系の構造と機能、およびそれらが生み出す情動・感情・感性反応が生命活動にとってどのような意義をもつかについて学ぶ。また、美や快や感動などポジティブな情動にともなう脳の反応を捉えるために留意すべきことについての基本的な知識を身に付け、感動する脳の仕組みについて理解することを目標とする。

1. 情動神経系の構造と機能

　〈音楽〉を単なる音の集合と区別する重要な要因のひとつとして、まさに字のごとく、「人が楽しめる音」あるいは「人を楽しませる音」であるか否か、をあげることができる。著しく多様化が進んだ現代音楽のなかには、必ずしもこうした特徴をもたない音の集合が含まれる場合もあるが、美しさも快さも感動も引き起こさない音の集合を音楽と呼ぶことに抵抗を感じる人は多いであろう。逆に、「一音成仏」という言葉で表現されるがごとく、たった一音でも、聴く人の心に感動を呼び起こす響きであれば、立派な音楽と呼ぶことができる。同じように、絵画、映像、演劇、舞踊、パフォーミング・アート、工芸、陶芸などあらゆる芸術的営為についても、それらを美と快と感動の反応から切り離して考えることは困難である。

　このことを脳科学の視点から整理してみると、ある対象が芸術作品と呼ばれるためのひとつの必要条件は、「対象が発する感覚情報が、その情報を受容する人間の脳神経系に美と快を含むポジティブな〈情動〉や〈感性〉を引き起こすこと」ということができる。すなわち、芸術的感

動の基盤となっているのは、究極的には快不快や好き嫌いを基本的な属
性とする情動反応であり、芸術的感動を実現する神経機構とは、情動の
神経回路にほかならない。本章では、こうした情動・感情・感性に関わ
る神経機構と、その生物学的な役割、そして芸術的感動にともなう脳の
反応を捉える方法について解説する。

（1）快不快を生み出す神経回路

　人間の欲望や好き嫌いなどの感情は、なんらかの形で〈快不快〉の感
覚と密接に関連している。欲望が満たされ始めると快感が発生し、満た
され尽くすと減じる。欲望が満たされないまま放置されると不快感が発
生する。そして、快感をもたらす刺激を好み、不快感をもたらす刺激を
嫌う。加えて、人間の喜怒哀楽といった自覚できる主観的感情も、欲望
や好き嫌いほど単純な形ではないものの、快不快の感覚と密接なつなが
りをもっている。

　こうした人間の豊かな心の動きの基盤となる快不快を生み出す神経回
路は、脳に病変や損傷をもつ人の症状を調べる臨床神経学と、動物を対
象とした実験的アプローチの知見が蓄積されることにより、おおよそ明
らかになってきている。それらは大きく〈脳幹〉〈視床下部〉〈大脳辺縁
系〉から構成されており、〈情動神経系〉と呼ばれる（図3‐1）。また、
快不快の感覚が動物に与える意味に着目して、快感を〈報酬〉、不快感
を〈懲罰〉、それぞれを生み出す神経回路を〈報酬系〉〈懲罰系〉と呼ぶ
場合もある。

　刺激によって強力な快感を発生させるのが、〈ドーパミン〉や〈セロ
トニン〉などを神経伝達物質として、脳幹から大脳皮質や大脳辺縁系に
投射する〈モノアミン（作動性）神経系〉である。その代表格である
〈ドーパミン（作動性）神経系〉は、脳幹上部に位置する〈中脳〉の
〈腹側被蓋野（A10）〉というところから発し、〈内側前脳束〉や〈視床
下部外側野〉を通って〈側坐核〉〈扁桃体〉〈帯状回〉〈前頭葉〉など脳
内のさまざまな部位に投射する（図3‐2）。

　1953年、オルズとミルナーは、ラットの脳の特定の場所に電極を刺

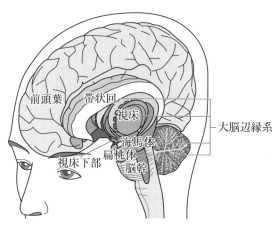

図3-1 情動神経系の構造

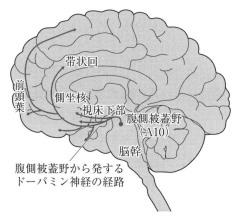

図3-2 快感を生み出すドーパミン神経回路

し、ラットが自らスイッチを操作して弱い電流を流して刺激できるよう
にすると、ラットが電気刺激を受けようとスイッチを何度も繰り返して
押すことを見出した。これを〈脳内自己刺激〉と呼ぶ。彼らが電極を埋
め込んだ場所は、側坐核と呼ばれる報酬系の代表的な神経核（神経細胞
の集合体）のひとつである。報酬系の刺激によって誘発される快感は、
ネズミの行動を非常に強力に支配するため、ネズミがもっとも忌避する
刺激のひとつである身体への電気ショックを与えても止めることができ

ない。また、食欲を上回る欲求を誘発するため、摂食行動を行うことなく12時間連続で合計5000回以上もスイッチを押し続けることすらあるといわれている。

　また、モノアミン神経系のうち、〈セロトニン〉を神経伝達物質とする〈セロトニン（作動性）神経系〉は、脳幹の縫線核から発して大脳皮質、大脳辺縁系、視床下部など脳の広汎な領域に投射している。セロトニン神経系の活動は、満足感や幸福感、爽快感など穏やかな快感と関連が深いといわれている。

　一方、脳のほぼ中心にある視床下部は、繁殖、摂食、摂水、睡眠、体温調節など、生存に直結する重要な機能を担っている。たとえば、視床下部の前方の内側にある〈内側視索前野〉は性行動と深く関連し、〈外側視床下部〉には摂食中枢が存在する。同じく視床下部の〈後核〉は体温の調節、〈室傍核〉は体内の水分の調節などを行っている。これら視床下部の一部の神経核は、血液中の化学物質の濃度変化を直接感知する〈ケミカルセンサー〉として働き、身体状態の物質的変化に迅速に対応できるようになっている。同時に視床下部は、〈自律神経系〉や〈内分泌系〉の最高中枢でもある。たとえば、強い感動を覚えたときに顔が赤くなったり汗をかいたり、恐怖を感じたときに毛が逆立ったりするのは、視床下部の働きである。

　このように視床下部は、身体と脳の間のインターフェースとして体内環境を絶えずモニターし、生存を維持するための原動力となる性欲、食欲、睡眠欲をはじめとするさまざまな生理的欲求を発生させる神経回路としても機能している。そのため、脳幹や、後に述べる大脳辺縁系と密接な神経連絡をもっている。

　一方で、脳の特定の部位を電気刺激することで怒りなどの不快感を発生させることも知られている。たとえば、ネコの視床下部の〈腹内側核〉に微弱な電気刺激を与えると、毛を逆立てたり、唸り声をあげたり、飛びかかってきたりする。こうした怒りやおそれなどの不快感をもたらす脳の場所は、快感を発生させる神経回路の近くに存在しており、脳幹の上部にある中脳の〈中心灰白質〉を含む〈背側被蓋野〉や、視

床、内側視床下部などがあげられる。これら懲罰系の神経回路では、〈アセチルコリン〉や〈ノルアドレナリン〉〈サブスタンスP〉という神経伝達物質が関与していると考えられている。

　快不快といった原初的な感情や生理的欲求を踏まえて、喜怒哀楽といった自覚できる主観的な感情を生み出したり、好き嫌いの判定を行っているのが、大脳辺縁系と呼ばれる脳の部分であり、扁桃体、海馬体、帯状回などからなる。大脳辺縁系は脳の深部に位置し、視床や視床下部などの〈間脳〉を取り囲むような構造をしている。進化的に古い皮質（古皮質）であり、情動や記憶に重要な役割を果たしている。すなわち、大脳辺縁系の機能は、大脳皮質と比較して、より動物に普遍的な機能ということができる。なかでも扁桃体は、自分にとって有益か、有害か、無意味かを、好き嫌いという感情に変換して判断している。この能力がなければ、動物は危険や敵から身を守ることができない。たとえばサルは通常、ヘビやクモに対して強い恐怖心を示すが、扁桃体を除去すると、好き嫌いの判断が狂ってしまい、ヘビやクモのおもちゃを平気でつかんだり食べようとしたりする。

　こうした快不快や好き嫌いを生み出す情動神経系には、視覚、聴覚、味覚、嗅覚、体性感覚といった五感はもとより、血糖値や浸透圧などのような血液中の化学物質に関する情報や、内臓感覚など、ありとあらゆる情報が送り込まれ、それらすべての情報を総合して、快不快の判断が一元的に下される。このことは、脳の情動神経系の仕組みに立脚して感性情報を考えるうえで、極めて重要な意味をもつ。たとえば歯が痛くてたまらないときに、どれほど素晴らしい音楽を聴いてもさっぱり感動しないのは、誰もが経験することである。すなわち、快不快の判断は、視覚や聴覚といった個別の感覚ごとに分析的に行われるのではなく、すべての感覚入力の高度な相互作用のもとで発動されるのである。こうした観点からすると、たとえば「音楽は聴覚情報によってのみ構成される」といった近現代的な純粋芸術の枠組みは、脳の情動神経系の特性と必ずしも一致しない可能性がある。

（2）情動の物質的基盤

　情動神経系でも、他の感覚運動神経系と同じように、神経細胞と神経細胞とのつなぎ目〈シナプス〉では、神経伝達物質が介在する化学反応が起こっている（第2章図2-2）。とくに情動神経系の神経伝達物質として重要な役割を果たしているのが、〈ドーパミン〉や〈セロトニン〉といった〈モノアミン〉と、〈βエンドルフィン〉などの〈オピオイドペプチド〉である。

　ドーパミンやβエンドルフィンといった快感物質は、たとえば音楽を聴いて気持ちよくなったり、映画のシーンに身体が震えるくらい感動したときなど、感覚センサーから入力された情報が脳のなかで処理されることによって合成され作動する。こうした快感を引き起こす化学物質（〈内因性快感物質〉あるいは一般に〈脳内麻薬〉とも呼ばれることもある）が、脳の情動神経系の神経細胞に存在する受容体に、まるで鍵と鍵穴のように結合することによって快感が発生する。

　一方、これらの神経伝達物質と似たように作用する化学物質が、麻薬や覚醒剤などの〈精神変容物質〉である。これらの化学物質は、脳が自力で合成したものではなく、体外から投与されることにより情動神経系を強制的に興奮させる。こうした精神変容物質と受容体との関係は、いわばニセの合鍵と鍵穴のようなものである（図3-3）。すなわち、快感の回路を強制的に興奮させることはできるが、作用した後にそれらの化学物質を分解し不活性化するためのメカニズムを生体は有していない。そのため、さまざまな有害な反応を、神経細胞と神経回路に引き起こすのである。このことを別の角度から見ると、人間は、麻薬や覚醒剤によって発生するのと同じような快感を、有害な化学物質を使用することなく、情報処理によって自力で安全につくり出す仕組みを生まれながら具えているといえる。

　情動神経系で作用する神経伝達物質は、感覚神経系や運動神経系で興奮を伝達するグルタミン酸などの神経伝達物質類とは、極めて異なった挙動を示すことが知られている（図3-4）。神経伝達物質がシナプス間隙に放出されると、受け手側の神経細胞の表面にある受容体に、ちょう

48

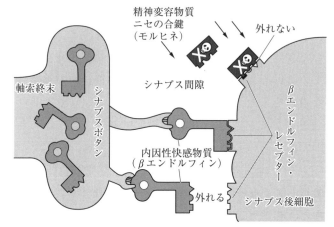

図 3 - 3　快感物質とニセの合鍵

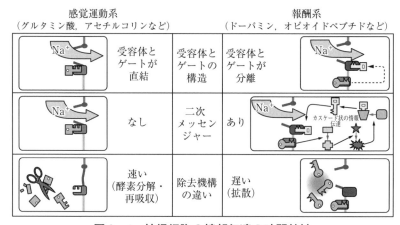

図 3 - 4　神経細胞の情報伝達の時間特性

　ど鍵と鍵穴のように結合して興奮を伝達する。この際、グルタミン酸に
よる興奮伝達に関わる NMDA 受容体は、細胞膜のイオンチャンネルと
いうゲートに直結しているため、鍵である神経伝達物質がはまるとたち
まちゲートが開いて、イオンが受け手側の神経細胞に流入して興奮を引
き起こし、外れると即座にゲートが閉まり興奮が停止する。その過渡応
答はミリ秒のオーダーである。これに対して、美と快をつかさどるモノ
アミン系やオピオイドペプチド系の神経伝達物質の受容体は、いわば鍵

穴とゲートが離れたところにあり、受け手側の神経細胞内にある〈二次メッセンジャー〉などの、より複雑で間接的な代謝経路を介して興奮を引き起こすため、効果の発現に時間的な遅れが生じ、神経伝達物質が受容体から離れてもその効果が残留する。さらにオピオイドペプチド系の神経伝達物質は、主として受動的な拡散現象によってシナプス間隙から除去されるため、シナプス間隙内での滞在時間が長くなる。こうした分子生物学的なメカニズムにより、美と快などの情動・感性に関わる神経回路は、脳に入力される感覚刺激に対して数秒から数分、長い場合は数時間に及ぶ遅延と残留をともなう応答を示しうる。このことは、のちほど解説するように、音楽などの感性情報が脳に及ぼす反応を脳機能イメージングなどで客観的に捉えようとするとき、大きな影響を及ぼすので十分な注意が必要である。

2. 情動・感性神経系の役割

（1）レーダーとしての情動神経系

　次に、動物の行動を強力に制御する情動神経系は、そもそも動物が生きていくうえでどのような役割を果たしているのかについて考えてみる。

　まず、生物とそれを取り巻く環境との関係を三つのモードに整理する（図3-5、文献1）。どの生物にも、その遺伝子が進化的につくられた環境があり、その環境に合わせて遺伝子のプログラムがつくられているので、こうした環境のなかで生きていくことはもっともストレスが少なく、生存に最適の環境といえる。こういう状態を〈本来モード〉と呼ぶことにする。一方、環境が本来の環境から変化すると、生物は、遺伝子のなかに書かれてはいるものの普段は眠っている緊急用のプログラムを読み出して、新しい活性を発現することによって環境に合わせようとする。この状態を〈適応モード〉と呼ぶ。そして、さらに著しく環境が変化して、遺伝子に書かれたあらゆるプログラムを使っても対応できない状態、すなわち適応の限界を超えた状態になると、生物は自らを進んで解体して、他の生物が利用できる部品として環境に戻す自己解体のプロ

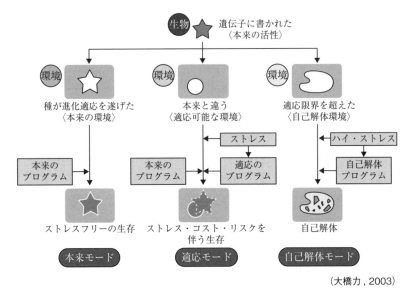

（大橋力，2003）

図3-5　本来・適応・自己解体モデル

グラムを発動する。この状態を〈自己解体モード〉と呼ぶ。

　このように環境と生物の関係を整理したうえで、情動がどのように働いているかを見てみる。行動の自由度が飛躍的に上昇した高等動物においては、自分の周りの環境情報を捉え、それが生存に適しているか否かを判断し、適切な行動を発現することによって、生存により適した環境を選択することが可能になる。その場合、動物が遭遇する環境条件と、その動物がとりうる行動のレパートリーとの組み合わせは、膨大な数に達する。そうした状況において、生存にとって最適な行動を選択するためのレーダーの役割を担っているのが情動神経系と考えられる（図3-6、文献1）。

　すなわち、ある動物が自分にとって最適な生存環境にいるとき、快感が最大・不快感が最小になり、そこから離れるに従って快感が低下し不快感が上昇するように情動神経系の作動特性をセットしたとする。すると、そうした神経回路をインストールされた動物は、起こりうるすべての状況についての行動プログラムをあらかじめ準備しておかなくても、快感が上昇し不快感が低下する方向へと行動を選択することにより、生

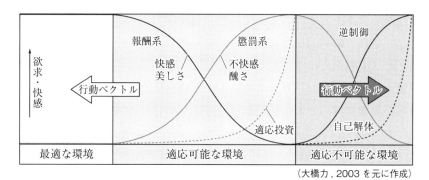

（大橋力, 2003 を元に作成）

図3-6　情動による行動制御モデル

存値を高めることが可能になる。すなわち、情動神経系の本質的な働き
は、最適生存環境を選択するためのレーダーであるといえる。芸術に
よって導かれる感動について検討する際にも、こうした背景にある情動
反応の生物学的意義を理解しておく必要がある。

　また、空腹のときのおいしいものや、暑くてのどが渇いているときの
冷たい水は幸福感や満足感を与えてくれる。逆に、満腹なのにさらに食
べ物を詰め込んだり、のどが渇いていないのに無理に水を飲まされたり
すると、苦しさと不快感が引き起こされる。ここでは、食物や水をあら
かじめ快感を発生させるもの、不快感を発生させるものとして固定して
おくことはできない。それらの物質がもたらす快不快は、物質としての
性質だけではなく、そのときの体内外の状況（この例では、血糖値や血
液の浸透圧、内臓感覚など）との相互作用によって動的に決められるの
である。

　一方、動物にとって適応可能な環境は有限である。ある一線を越える
と、どれだけ努力しようとも、すなわち物質やエネルギーをどれだけ投
資しようとも、生存することができない。こうした領域で無理矢理に生
存努力を続けていくことは、物質やエネルギーを著しく浪費し、環境全
体にネガティブに作用する危険性が大きい。そこで適応不可能な領域に
入った場合、快不快のチューニング曲線の位相が逆転し、生存にとって
不都合な方に向かうほど快感が高まり、不快感が低くなるようにセット

52

されたモデルを考えてみる。すると、動物が自滅する方向へと行動が駆り立てられ、最終的には自律的に己を解体して他の生物が利用可能な部品として生態系に戻すことが可能になる。実際、こうした快不快の逆転現象が、拒食・過食、リストカットなどの自傷行為や自殺など、情動神経系の異常が関与する病的な状態で発生することが報告されている。

（2）情動—感情—理性—感性による階層的行動制御

　人間以外の動物では、こうした情動による行動制御が生存戦略として有効に機能していることはほぼ間違いない。一方、人間における「情動と理性の葛藤」などは、どのように整理して考えればよいのだろうか。ここでは、情動—感情—理性—感性を階層的に捉えた行動制御モデルを紹介する（図3-7、文献1）。

　このモデルでは高等動物の行動を制御する脳機能は階層構造をなしていると考える。もっとも深層にあるのは、〈脳幹〉や〈視床下部〉が担う〈情動〉であり、プリセットされた行動プログラムとそれにともなう始原的な快不快反応によって反射的に制御されている。空腹に対応する食行動の喚起と満腹に対応するその停止や、捕食者の出現に対応する恐

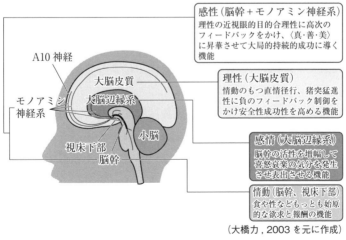

（大橋力, 2003 を元に作成）

図3-7　情動—感情—理性—感性による階層的行動制御モデル

怖感の発生と逃走など狭義の情動反応がそれに相当する。

　次の階層は、脳幹が発生する快不快に基づいて原始的な欲求をより効果的に達成する方向へ増幅する〈大脳辺縁系〉である。大脳辺縁系は、喜怒哀楽といった自覚できる〈感情〉を生み出すとともに、行動に拍車をかけたり、それらを表情や声といった視聴覚情報として環境に出力して、同種同類をはじめとする他の生物に働きかけ、目的達成に有利な状況を導く。レーダーとしての情動神経系の基幹的な機能は、これら脳幹、視床下部と大脳辺縁系が担っている。

　一方、狩りや求愛行動に典型的に見られるように、情動・感情に支配された直線的な行動が成就しがたいことはしばしば起こりうる。その場合に、忍耐をともなう待ち伏せや迂回など、情動・感情に負のフィードバックをかけることにより成功率を高めているのが、大脳皮質とりわけ前頭葉を拠点とする〈理性〉の働きといえる。つまり、理性は、一見情動に対立するかに見えながら、その作用は決して情動に対抗するものではない。ちょうど電子装置の性能を向上させるネガティブ・フィードバック回路のように、現象としては情動を抑制するように働きながら、効果としては支援装置として機能している。この点から見ると、理性は情動の補助回路に該当すると考えることができる。

　そして、理性の働きをさらに高いレベルに誘導して、単なる目的合理性から昇華させ、真善美一体の境地に到達させる効果を発揮するフィードバック制御機構として、〈感性〉の働きを捉えることができる。その機能を担うのは、脳幹と、それを拠点として大脳皮質の前頭葉を含む脳の各所に展開する〈モノアミン神経系〉の一群が構成するシステムである。このシステムは、真善美を志向するさまざまな作用と、偽悪醜を忌避するさまざまな作用により構成された、高次のフィードバックシステムと考えることができる。これによって、投射先の脳部位各所に行動を誘導するフィードバック制御をかけることが可能になる。この系は、これまでの通念として、人間の脳機能のなかでもっとも「高次」とされてきた理性の座とされる前頭葉の前頭前野をはじめとする脳内のさまざまな領域へ、欲求や行動それ自体の原点をなす脳幹から直接、制御信号を

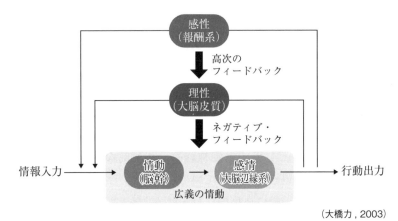

（大橋力, 2003）

図 3-8　多重フィードバックによる行動制御

送る回路構成をとっている。そのことにより行動制御に関わる脳の〈多重フィードバック回路〉の最上位に立ち、系全体を完結させていると考えられる（図 3-8、文献 1）。この回路を見ると、従来人類の思考や判断の頂点に立つとされてきた〈理性〉が、生物学的行動の真の原動力となる脳幹によって発揮される〈感性〉に従わなければならない構成をとっていることが注目される。

3.　美と快の反応を脳画像で捉える

　第 2 章で述べたように、1990 年代以降に爆発的な進歩を遂げた一群の非侵襲脳機能イメージング、すなわち脳を破壊することなく、その活動状態を観測する手法の開発により、さまざまな脳活動を客観的に捉えることが可能になり、感覚、運動、認知、言語、思考など、人間のさまざまな脳機能を画像化できるようになった。ところが、情動・感情・感性にともなう脳活動を計測しようとすると、そこには独特の障壁が存在し、脳機能イメージングの手法を再構築することが必要不可欠になる。本節では、美と快にともなう脳の反応を客観的に捉える際に留意すべき点について解説する。

（1）個別性を超える実験デザイン

　感情・感性にともなう脳活動の計測を試みるとき、最初に直面するのが、特定の感情・感性を誘発するための刺激に対する反応が人によって異なること、すなわち応答反応の〈個別性〉である。たとえば、ある人にとって感動をもたらす音楽が、別の人にとっては単に退屈なものとしか聴こえないことは珍しいことではない。すなわち、個別の音楽に対する応答反応に対して、科学的な検討に値する普遍性やなんらかの共通性を見出すことが非常に困難である。

　こうした問題にアプローチするにあたり、第 2 章で紹介した「脳機能の階層性モデル」（第 2 章図 2 - 3）は有効性が高いと考えられる。このモデルでは、個人の経験や嗜好に依存しもっとも個別性が顕著な応答を最上位の階層、社会あるいは文化による共通性をもった応答を中間の階層、そして生物種としての人間に共通の応答をもっとも基盤となる階層と考える。このなかで、生物種として共通の応答反応は普遍性が高く、自然科学との相性が良好であることが推測される。たとえば音楽であれば、特定のメロディや歌詞といった高次の情報構造に依存した反応ではなく、生物機械としての人間に共通の反応を引き起こすことが期待される、物理現象としての振動の特性に由来する反応に着目するといったアプローチは有効性が高い。同時に、刺激としてもちいる音試料や映像試料が、どの程度の普遍性・共通性をもつかに着目することも重要である。たとえば、ある音楽が、社会や文化、時代背景などの違いを超えて人類全体に共通な特徴を具えているか？　社会や文化、時代ごとに異なるがそれぞれのなかでは共通な特徴を具えていると考えられるか？　あるいは同一の社会や文化のなかでも個人の嗜好が強く反映され個別性が高い特徴であるか？　などを正確に評価する必要がある。

　音楽に対する情動・感性反応の個別性を前提としつつ、巧妙な実験モデルを構築することによって、音楽に感動しているときの脳活動を見事に描き出すことに成功したロバート・ザトーレらの研究は、音楽にとどまらず広く情動・感性反応の個別性を取り扱ううえで、示唆に富んでいる（図 3 - 9）。ザトーレらはまず参加者ごとに、「背筋がゾクゾクする」

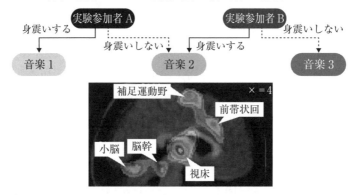

絶妙な実験によって楽曲の効果のもつ個人差を相殺し，
音楽に感動しているとき活性化する脳の部位を描き出した

(Anne J. Blood, Robert J. Zatorre, 'Intensely pleasurable responses to music
correlate with activity in brain regions implicated in reward and emotion',
PNAS, 98(20). Copyright(2001) National Academy of Sciences, U.S.A. PNAS
is not responsible for the accuracy of this translation.)

図3-9　音楽に感動したときに活性化する脳部位

あるいは「身震いする」ほど強力な音楽刺激として働きかける曲目と、
そのなかの箇所とを申告させた。こうして 10 名の実験参加者に、自分
で選んだ感動をもたらす音楽と、そうでない音楽とをセットにして聴か
せ、それぞれの時の脳血流を PET をもちいて計測し比較した。巧妙な
のは、それぞれの参加者にとって感動を引き起こさない音楽を、他の参
加者に感動をもたらす音楽のなかから選ぶよう、組み合わせを工夫した
のである。そして、感動する音楽を聴いている時の脳血流と、そうでな
い音楽を聴いている時の脳血流を、参加者全員をまとめて比較すること
により、曲目の違いによる物理的な音刺激の違いを相殺し、感動の有無
によって神経活動が変化する脳部位のみを描き出したのである。

　この実験の結果、音楽を聴いていて「身震いする」ような感動が得ら
れたときに神経活動が高まることが示されたのは、ポジティブな感情を
もたらす脳の報酬系、すなわち脳幹に属する中脳、前頭葉、前帯状回な
どである。逆に扁桃体など負の感情に関わる脳の懲罰系では、活性が抑
制された。すなわち音楽がもたらす感動は、報酬系を活性化するととも
に懲罰系を抑制することによって発現することを、見事に実証したとい

える。

（2）美と快の反応を妨げない計測環境

　実際に脳機能イメージングをもちいて、美や快などポジティブな心の
動きにともなう脳の反応を計測するにあたり、決定的な障壁となるの
が、イメージングの手法自体が、実験参加者に不安や恐怖など無視でき
ないネガティブな心理的・情動的バイアスを与える点である。

　脳機能イメージングの多くは、元来、医療目的で開発されたものであ
り、病気にともなう異常所見を検出することを重視した設計になってい
る。そのため、検査室のしつらえや調度を含む計測環境や、検査手法が
原理的にもっている計測時の厳しい制約条件などが、美と快に関わる反
応自体の発生を妨げて、計測を非常に困難なものにすることがある。た
とえば脳の微弱な電気現象を検出する脳波（EEG）は、外来の電磁ノ
イズの影響を受けやすいため、実験参加者は電磁シールドされた檻や密
室のなかに閉じ込められ、接着剤によって頭皮に固定された無数の電極
を装置につながれ、寝心地の悪いベッド上で計測が行われることが多
い。またポジトロン断層撮像法（PET）では、大型装置のベッド上に
頭部を拘禁された状態で、腕の血管に注射針を刺されて放射性同位元素
を注入される。機能的磁気共鳴画像法（fMRI）では、窮屈なトンネル
に拘禁された実験参加者がジェット機並みの騒音に曝露される。実際、
健康な人でも、潜在的にもっている閉所恐怖症の傾向が検査時に顕在化
してパニック状態に陥り、検査の中止を余儀なくされることがある。こ
うして見てくると非侵襲脳機能計測の多くは、美と快と感動にとって、
ほとんど「破壊検査」ともいうべき乱暴さを具えている。

　こうした劣悪な計測環境は、美と快に関わる脳活動の計測に決定的な
インパクトを与える。先に述べたように、脳のなかに拡がる美と快を発
生させる報酬系神経回路は、内部に高度で複雑な構造を含みながらも、
全体としてひとつのまとまった神経回路網を構成している。そこには視
覚、聴覚などさまざまな感覚系からの情報だけでなく、内臓感覚や他の
脳部位で処理された情報などが流入する全方位開放型の性質をもち、そ

れらを統合することによって情動・感性反応が誘導される。つまり、従来の脳機能イメージングのように、計測手法や計測環境自体が強い嫌悪感や恐怖を誘導し、美と快を生み出す脳の反応を高度に抑制するような環境下では、目指す情動・感性反応を誘発することが極めて困難になる。たとえ痕跡程度の美と快の反応が誘発されたとしても、計測環境自体が発する情報によって誘導されるネガティブな情動・感性反応のノイズに埋もれてしまう危険性が大きい。

　したがって、美と快にともなう脳の反応を捉えるために脳機能イメー

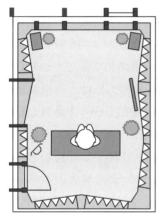

❖ アンテナやケーブルは見えないように配置
❖ 環境絵画や植栽などによる視覚環境の整備
❖ 二重窓により開放性と遮音性を両立

図 3-10　報酬系神経回路の活性化を妨げない実験環境

アンプ・送信機

電極

ヘアバンド

ヘアバンドの中に電極・アンプ・送信機を一体化して組み込んだウェアラブル脳波計測システム

バッテリ

図 3-11　報酬系神経回路の活性化を妨げない計測装置

ジングをもちいる場合には、鋭い感性をもった実験者が、計測環境や制約条件がもつネガティブな心理的影響をひとつひとつ丹念に排除する、あるいは問題にならないレベルまで軽減することが重要になる。美と快にともなう脳反応を捉えるために筆者らが構築した実験環境の例を図3－10に、脳波計測装置の例を図3－11に示す。

（3）情動神経系の時間特性に応じた実験デザイン

　先に述べたように、情動神経系は、単純な感覚運動神経系と比較して、情報が入力されてから作動するまでに長い時間を必要とし、また情報入力が途絶えてもしばらくの間は作動し続ける。こうした情動神経系の時間特性は、美と快に関する反応を捉えるうえで重要な意味をもっており、その違いを考慮しないで実験を行うと、情動や感性に関する脳の反応を正確に捉えることができなくなってしまう。ここではその典型的な例を紹介する。

　人間の可聴域上限を超える高周波成分の有無が音質に及ぼす影響について、コンパクトディスク（CD）のフォーマットを決定するために、1970年代を中心に主観的音質評価実験が盛んに行われた。それらの実験では例外なく、かつて電子通信の国際規格をとりまとめる役割を担った国際無線通信諮問委員会（CCIR、現在のITU-R）が勧告した「正統な」実験法に準拠して、長さが20秒以下、実際には数秒以下の短い二つの音試料を、0.5ないし1秒程度のわずかな間隔で切り替えて呈示し、それらが同じ音質であるか否かを被験者に判定させていた。その結果、15 kHzまたは20 kHz以上の周波数成分の有無は、音質に影響を及ぼさないという結果が導かれ、それに基づいてCDなどのデジタル音声フォーマットに記録再生可能な周波数帯域が決定された。

　一方、それら一連の実験でもちいられた音試料の10倍以上の長さをもつ200秒程度の音楽を呈示し、時間分解能に優れた脳波をもちいて脳の反応を計測すると、高周波成分を含む音を呈示したときには、その成分を含んでいない音を呈示したときと比較して、快適感の指標となる自発脳波の α 帯域成分が、音刺激の呈示から数十秒以上遅れてゆっくり

と増強し、刺激呈示終了後も数十秒から100秒程度残留することが明らかになった。脳波 α 帯域成分の強度は、報酬系神経回路の活性と正の相関を示すことが知られていることから、こうした脳の反応の「遅れ」は、美と快を支えるモノアミン系あるいはオピオイドペプチド系の神経回路の時間特性と矛盾しない（図3‐4）。実際、200秒の楽曲全体をもちいて、高周波成分を含む条件と含まない条件との間に十分な休息をとって主観的音質評価実験を行うと、高周波成分の有無によって音質の差が生じることが高い統計的有意性をもって示されている（詳細は第6章参照）。

　すなわち、過去の実験でもちいられた短い音試料を短時間で切り替える実験法では、脳の反応が刺激の切り替えから大幅に遅れることにより、現在聴いている音に対する反応と、直前に呈示された音に対する反応とが混ざり合ってしまい、必然的に二つの音の違いを判別することが困難になり、偽陰性の結果を導いたと解釈できる。こうした先行研究が陥った脳の反応の時間特性に関する落とし穴は、美と快の脳機能を捉えるうえで重要な意味をもっているので慎重に吟味する必要がある。

🎸 研究課題

3-1　快不快に基づく動物の行動が、直接生存に関わる具体的な例をあ
　　　げて、説明してみよう。

3-2　芸術が導く快感反応が、その他の感覚入力によって妨げられてし
　　　まう例をあげて、説明してみよう。

文献

1 ）　大橋力：音と文明—音の環境学ことはじめ—、岩波書店（2003）
2 ）　小野武年：脳と情動—ニューロンから行動まで—、朝倉書店（2012）

4 | 音楽を感じる脳は変化を感じる脳

本田　学

　本章では、生物学的な視点から音楽情報を捉え直すとともに、音楽に必須である音の変化を捉える脳内メカニズムについて学ぶ。さらに、音楽と人間の脳機能との関係という観点から注目すべき事例として、絶対音感を支える脳の仕組みについて学ぶ。これらを通して、音楽を感じるために必要な脳の情報処理のメカニズムについて、基本的な知識を身に付けることを目標とする。

1. 音楽を生物学の視点から捉える

（1）混迷する音楽の定義

　近代的音楽理論体系の基礎となっている西洋的音楽概念では、たとえば、オックスフォード英語大辞典などの［music］の1項目に「楽曲が描かれ、または印刷された楽譜」（筆者訳）と定義されているように、音楽と楽譜とは相互に変換することが可能なものとみなされている。このルールが成立するためには、原理的には、音符という符号によって音の構造が細部まで明確に決定されなければならない。その前提として、ひとつの音符が占める時間領域から、不確定要素を排除する必要がある。したがって、少なくとも原理的には、音符の1個にあたる〈楽音〉は、内部構造が一定時間変化しない定常音である必要がある。楽音の概念が厳密に整理されたのは、20世紀半ばの電子音楽の分野である。ヘルベルト・アイメルトは「音楽の要素となる音は、音高・音色・音強の三つの属性を、一定時間安定して保つもの」と定義し、実際にこの概念に忠実に従った電子音楽作品がつくられた。

　しかし、こうした楽音の組み合わせによって音楽が構成されるという

西洋音楽の概念は、早くも 20 世紀半ばから、いくつかの分野で破綻の
きざしを見せてきた。たとえば、ピエール・シェフェールらが始めた
ミュージック・コンクレートでは、楽音以外の音素材を、音楽の構成要
素として楽音と対等に位置づけた。また、テープレコーダーの実用化に
ともなって実現可能になった音響心理実験では、楽器音のアタック部分
を削除し、その後に続く定常な持続音だけを再生すると、楽器の違いを
聴き分けるのが困難になるという報告がなされている。さらに、電子的
に合成した音で音楽を演奏するシンセサイザーが実用化され始めた当
初、理想的な楽音である定常的な音はあまりにも無味乾燥で、音楽の素
材として実用に耐えないという問題が起こった。この問題を解決するた
めには、音信号の振幅を時間的に特定のパターンで変化させるエンベ
ロープを導入することが有効だったが、これはひとつの楽音のなかに、
非定常な内部構造をもたせるということにほかならない。

　このように、楽音の組み合わせという従来の西洋的概念で「音楽」を
定義することは困難であり、「音楽」の再定義が必要になっていると思
われる。

（２）生物学的音楽概念
　そうしたなかで、これまでの西洋的音楽理論とは違った視点から音楽
を定義する理論が提唱されている。そのひとつが、人類という生物が音
を信号として行うコミュニケーションの一種として、音楽の定義を見直
すという試みである。それらのなかから、代表的なモデルとして「音に
よるコミュニケーションモデル」とそれに立脚した生物学的音楽概念の
概略を以下に解説する（文献 1）。

　「音によるコミュニケーションモデル」では、音を信号とする情報伝
達を、〈合図〉〈言葉〉〈音楽〉の 3 種類のカテゴリーに分類する（図 4 –
1）。

　まず、〈合図〉は、聴覚的に他と区別できる特徴をもった音信号の短
い時間的パターンで、離散的に出現して単独の情報を伝え、直ちに消滅
する。伝達情報量の積分値が時間とともに増えることはない。

（大橋力, 2003 を元に作成）

図4-1　人類における音によるコミュニケーションモデル

　次に、〈言葉〉は、短い音信号のパターンが組み合わせられ、鎖のように時間軸上に配列した形をとる。ひとつの音のかたまりが現れるごとに、新しい情報が付け加えられながら伝達が続けられ、伝達情報量の積分値は、階段を上るように時間軸上に不連続的に上昇するという特徴をもつ。

　そして、三つめのカテゴリー〈音楽〉は、音信号が出現し、それが音楽だと感じられた瞬間に音楽固有の情報伝達が始まり、終わったと判断されるまで連続する。その間は、どの時間をとっても情報は切れ目なく伝わり、伝達情報量の積分値は連続して上昇する。たとえ音が一時的に途絶えたとしても、それは「間（ま）」として音楽の重要な構成要素となり、その間も情報は伝達され続ける。こうした認識に立った生物学的音楽概念では、音楽とは、連続的で非定常に変容する音信号構造を必須の属性とし、持続して作用する固有の情報が送られる情報伝達のカテゴリーである、と定義される。より正確には、「音楽とは、マクロな時間領域では遺伝子と文化によりコード化された特異的に持続する情報構造をとり、ミクロな時間領域では連続して変容する非定常的な情報構造をとり、脳の聴覚系および報酬系を活性化する効果をもった人工的な音のシステム」であると定義されるのである。

　一方、従来の音楽音響理論の基礎となってきた西洋的音楽概念では、

時間的に均一な構造をもつ定常的な音のかたまりを想定した楽音を音楽の基本要素として、音の高さ（音高）と長さ（音価）に着目し符号化した〈音符〉を、〈五線譜〉という離散的な座標空間のなかに時系列として記述する。すなわち、西洋的音楽概念においては、原理的に離散的不連続的な音信号構造を前提としているため、「音によるコミュニケーションモデル」に立脚した「音楽は連続的・非定常的に変容する音信号構造を必須の属性」とする音楽の生物学的概念との間に著しい隔たりがある。こうした、西洋的音楽概念と生物学的音楽概念の、どちらが音楽の実体に即しているかを検証するためには、実在する音楽の分析・検討や、モデルに基づく音楽の合成など、実証的な研究が必要となる。

2.　音楽の連続非定常性へのアプローチ

　「離散定常性」を前提とする西洋的音楽概念と、「連続非定常性」を定義とする生物学的音楽概念との間には、大きな隔たりが見られる。そこで、どちらが実在する音楽の実体に即しているかを検証するために、「音楽の連続非定常性」を検討してみる。検討にあたっては、音楽の音信号構造を視覚的に捉えることが可能な〈最大エントロピースペクトルアレイ法〉（Maximum Entropy Spectral Array Method；MESAM または〈ME スペクトルアレイ法〉）をもちいることとした（詳細は第5章参照）。この手法は、音楽信号の時系列データを高速サンプリングにより A/D 変換した後、1個の音符に該当する音信号を多数の短い区間に分割してそれぞれの ME スペクトルを求め、三次元アレイ状に配列し、スペクトル形状の連続的な変化を視覚的に表示するものである。

　MESAM をもちいて、連続性・定常性の切り口から音楽の情報構造を検討した結果を紹介する。図4-2に、西洋音楽と日本伝統音楽から、それぞれ笛1管の演奏を分析したものを示す。西洋音楽の笛として、『青少年のための管弦楽入門』の CD から「フーガ」冒頭のピッコロのソロ演奏の部分を選んだ（図4-2左図）。音信号を 20 ミリ秒ごとに分割し、50％のオーバーラップをもたせて分析区間をずらし 0.5 秒間の ME スペクトルをアレイ状に描いてある。

66

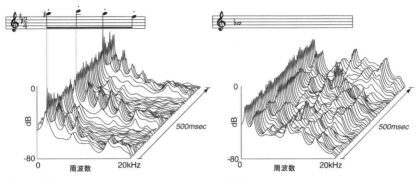

ピッコロソロ
＜ブリテン『青少年のための管弦楽入門』から
《フーガ》の一節＞（演奏：ボストン交響楽団）

尺八ソロ
＜五線譜で表現した琴古流本曲『一二三鉢返しの調』
の一節＞（演奏：人間国宝 納富寿翁）

（大橋力, 2003）

図4-2　ピッコロと尺八の ME スペクトルアレイ

　この結果から、音符に対応して比較的そろったスペクトルが続き、マクロに見るとかなり忠実に定常的な楽音を演奏していることが見てとれる。しかし音符の始まりなどスペクトル全体が大きく変化する部分では、ミクロに見ると連続的に移り変わっている。すなわち、楽譜は完全に離散定常的な符号系であるが、それを復元した実際の音楽は、持続音の部分はほぼ定常的といえるものの、その前後では連続非定常的な変化をしていることがわかる。

　次に、日本伝統音楽の笛として、琴古流本曲『一二三鉢返しの調』のCD から、人間国宝・納富寿翁による尺八の独奏を分析した結果を示す（図4-2右図）。この部分は基音がほぼ一定で、楽譜に表そうとするとただ1個の音符だけになり、しかもこの後も同じ音が持続し終結していない。したがって、西洋的音楽概念から見ると、ひとつの楽音にも達しておらず、音楽以前の音でしかない。しかし、それを聴く人間には、十二分に音楽として楽しめる音に聴こえる。

　これを ME スペクトルアレイで表示してみると、基音のピークは比較的そろって安定しているが、倍音成分は極めて複雑で激しい変容を示している。その変容は振幅軸にも周波数軸にも複雑に現れ、ピークの生成消滅がさまざまなところで出現している。

　これらの対照的な管楽器を対比してみると、まず楽譜は、ピッコロは高密度、尺八は超低密度といえる。これに対し ME スペクトルアレイは、ピッコロは音符の途中は定常的で変化に乏しく、音符の変わり目に対応して大きな変化を示す一方、尺八は倍音成分のスペクトルが極めて複雑で大きな変容を示し、全体的な複雑性と変容性の面ではピッコロをしのいでいる。すなわち、西洋型の音楽は、音符の持続区間は定常性が高く、マクロに見ると忠実に楽音を演奏しているといえるが、音符が変化する部分をミクロに見ると、連続非定常的にスペクトルが変化している。これは理想的な楽音が離散定常的な概念であるのに対して、実在する音楽の音は必ずしもそうではないことを示すものである。また、西洋型の音楽では、音符を高密度に配列し、音高を頻繁に変えることによって複雑な情報構造の変化をつくり出すが、音符の内部構造は原則的に定常でなければならないという音楽理念が足かせになり、情報構造の変化を非効率にしていることが示唆される。

　一方、日本の伝統音楽では、それ自体は音楽ではないが、それを組み合わせることによって音楽をつくり出すことができる素材としての楽音という概念がもともと希薄である。むしろ楽音とは対照的に、一音の味わいを真髄とする尺八では、ひとつの音符に達していない段階の音が音楽を成り立たせている。このとき、明示的には音符として符号化できない連続非定常な変容が著しく大きいことが、スペクトルアレイに描き出されている。このことは、「音楽は連続的で非定常的に変容する音信号構造を必須の属性」とする生物学的音楽概念の有力な支持材料となる。

3.　音のゆらぎを捉える脳の仕組み

（1）音の変化を捉える脳部位

　このように生物学的音楽概念において、音楽の必須の属性とされる連続的で非定常的に変容する音信号が、脳の〈聴覚神経系〉のなかでどのように処理されるかについて述べる（図4-3）。

　五線定量記譜法で記述される音楽でもちいられる定常的な音情報と、振幅や周波数の変化をともなう非定常な音情報とが、それぞれ脳のなか

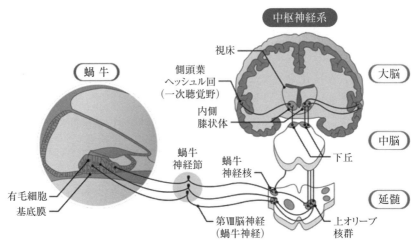

図4-3　中枢聴覚系の仕組み（図2-8再掲）

でどのように処理されるかを考えるうえで、ウィリアム・ネフらが行った動物の条件反射をもちいた実験結果は、興味深い知見を与えている。イワン・P・パブロフが見出した有名な〈条件反射〉は、イヌにある音を聴かせて、それと同時にエサを与えることを繰り返すと、やがてイヌはエサのあるなしにかかわらず、その音を聴かせられたときに唾液を分泌するというものであった。

　この手法を応用して、ネフらは、実験動物にある特定の音響構造をもった音で条件付けを行い、特定の音を聴かせたときだけエサを与えるというような訓練を施すことにより、動物がその呈示音を他の音と区別して、その音にだけ反応してエサを探すような反射行動を起こすようにした。次に、この段階に達した動物の脳のいろいろな場所を破壊して、それでも条件反射行動が保たれているか、あるいは失われるかを観察したのである（図4-4）。すなわち条件反射行動が失われた場合、破壊された脳の場所が、条件付けに使われた音の特徴抽出に重要な役割を果たしていると考えられるのに対して、もし条件反射行動が保たれていれば、破壊された以外の場所が、該当する音響構造の特徴抽出に重要な役割を果たしていると考えられる。こうした実験により、条件付けに使わ

図4-4　ネフらによる条件反射をもちいた実験のデザイン

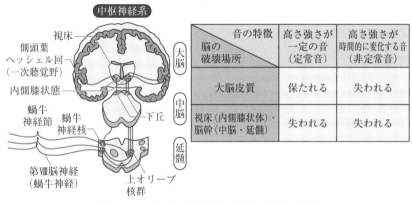

音の特徴　脳の破壊場所	高さ強さが一定の音（定常音）	高さ強さが時間的に変化する音（非定常音）
大脳皮質	保たれる	失われる
視床（内側膝状体）・脳幹（中脳・延髄）	失われる	失われる

図4-5　音の特徴抽出に関わる脳の場所

れた音の特徴抽出に寄与している脳内の場所をつきとめようとしたのである。

　こうした一連の実験を通して、以下のようなことが明らかになった（図4-5）。まず、一定の高さおよび強さをもった定常音で条件付けした動物は、大脳皮質を取り除いても反射行動を保つ。しかし、視床の〈内側膝状体〉およびそれ以下の脳幹部分を破壊すると、反射行動が失われる。これに対して、時間的に変化する音の組み合わせで条件付けをした場合、大脳皮質を破壊するだけで反射行動が失われてしまう。

　これに類似した現象が人間でも観察されることが、脳に損傷をもった

患者の臨床症状として報告されている。イングリッド・ジョンスルドら
は、難治性てんかんの外科治療のために側頭葉を切除した患者を対象と
して、微妙に高さの異なる二つの定常音が同じか違うかを判別させる課
題と、音の高さが微妙に変化したときに上昇したのか下降したのか変化
の方向を識別させる課題を行った。その結果、側頭葉、とくに右側を切
除した患者では、前者の定常音の高さを判別する課題は、健常な被験者
と同じ程度できるのに対して、後者の周波数の変化方向を識別する課題
では、その能力が健常者と比較して統計的に有意に低下していることが
示されたのである。

　これらの事実は、人間を含む高等動物では、高さ、強さが一定に保た
れた周期的な音、すなわち、ゆらぎのない定常音の識別は、内側膝状体
以下の処理中枢で主に行われるのに対して、音のゆらぎや変化の特徴抽
出には、大脳皮質を含む聴覚神経系全体が関与するという二重の機構が
存在することを示している。

（2）音の変化を捉える聴覚神経メカニズム

　聴覚神経系が、非定常的に変化する音情報をどのように処理するかに
ついて、さらに詳しく神経細胞のレベルで見てみる。

　第2章で述べたように、聴覚系の末梢神経である蝸牛神経から伝わっ
てきた音情報は、下部脳幹にある〈蝸牛神経核〉に到達し、〈二次聴覚
ニューロン〉へと中継される。蝸牛神経核には、高さや強さが一定の
〈定常音〉が存在するときに持続的に興奮する一次ニューロン型の反応
を示す神経細胞以外に、さまざまな反応性をもった神経細胞が報告され
ている。すなわち、定常音入力の開始時にのみ興奮する細胞、定常音の
持続中に徐々に興奮が高まっていく細胞、定常音入力が終止したときに
のみ興奮する細胞などである。これらの神経細胞は、定常音の開始・持
続・終止という基本要素を処理するうえで、非常に都合のよい特性を
もっており、細胞群の機能全体を見ると、定常的な音を分析するために
必要な基本的ツールがひととおりそろっているといえる（図4-6）。

　左右どちらか一方の蝸牛神経核から出た信号の一部は、下部脳幹の延

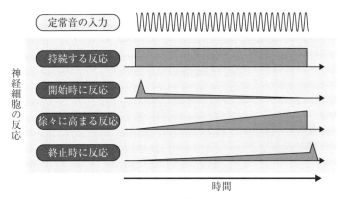

図4-6　定常音に対する様々な神経細胞の反応

髄の両側にある〈上オリーブ核〉に伝えられる。上オリーブ核では、両側の耳から入力される音の情報を照合することにより、両耳から信号が届く時間差や音の強さの違いなど、左右差を検出することが可能になる。このことにより、音がどこから聞こえてくるか、音源の場所に関する情報が処理されるのである。ここで特徴的なのは、音の時間差や強弱といった時間軸上の情報を手がかりにして、空間情報が逆算される点である。これは、第2章で述べたように、網膜という二次元的拡がりをもったセンサー自体が、ア・プリオリに空間情報をもっている視覚系とは対照的といえる。

　蝸牛神経核と上オリーブ核から出た信号は、上部脳幹にある〈下丘〉や、さまざまな感覚神経の中継センターである視床の〈内側膝状体〉へと運ばれる。これらの中枢では、定常的な音に対する神経細胞の反応が徐々に目立たなくなり、逆に時間的に連続して変化する音の構造的な特徴を抽出する神経細胞が多く見られるようになる（図4-7）。まず下丘には、振幅が周期的にゆらいでいることに反応する神経細胞が存在し、〈AM ニューロン〉と呼ばれる。AM ニューロンでは、もっとも鋭敏に反応する振幅変化（振幅ゆらぎ）の周期が、細胞ごとに異なっている。こうした仕組みは、ゆらぎの周期についての特徴を体系的に抽出するメカニズムの存在を示唆する。また、振幅の変化だけでなく、周波数の変化に対して特異的に反応する神経細胞が存在することが知られており、

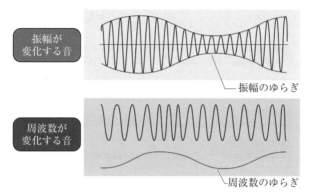

振幅が
変化する音

振幅のゆらぎ

周波数が
変化する音

周波数のゆらぎ

図4-7　振幅と周波数が変化する音

〈FM ニューロン〉と呼ばれる。それらのなかには、周波数が増えると
きだけ、あるいは減るときだけ選択的に反応する細胞が存在し、非定常
に変化する音の構造について、より正確で精緻な特徴抽出を可能にして
いる。こうした音の非定常な成分に反応する神経細胞は蝸牛神経核にも
多少認められるが、下丘以降の中枢で次第に顕著になり、定常的な情報
処理を担う神経細胞と非定常的な情報処理を行う神経細胞との比重が、
徐々に逆転していく。

　聴覚神経系の最上位に存在する大脳皮質の聴覚野は、〈側頭葉〉の
〈ヘッシュル回〉にある〈一次聴覚野〉と、それ以外の〈聴覚連合野〉
とに大きく分けられる。大脳皮質聴覚野の神経細胞は、音圧や周波数の
変化に反応するだけでなく、さらに複雑なパターンをもった非定常音に
対して特徴的な反応を示すものがあることが知られている。たとえば、
一次聴覚野とそれに隣接する領域では、単一の周波数をもった純音より
も、ある程度の周波数帯域の幅をもった複合音（たとえば白色雑音から
バンドパスフィルターによって特定の帯域だけを抽出した帯域制限ノイ
ズ）に対する反応が鋭敏になり、もっとも鋭敏に反応する複合音の周波
数帯域の幅が細胞ごとに決まっていて、空間的に整然と並んで配置され
ていることが知られている。さらに、特定の鳴き声や音声にのみ反応す
る神経細胞（時間的に逆向きに再生すると反応しない）や、二つの複雑
音がそれぞれ単独で別々に呈示された時には反応しないが、それらが引

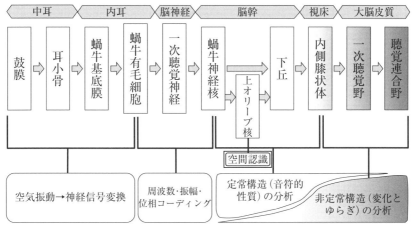

図 4 - 8　中枢神経系における聴覚情報処理の仕組み

き続いて一定の順序で呈示された時にのみ強く反応する神経細胞も存在する。ここにあげたような働きをしている細胞は、人間の音声言語を含む動物種に固有の鳴き声の認知に重要な役割を果たしていると考えられている。

　このように中枢聴覚系の大部分が非定常音の情報処理に関わっており、その度合いはより中枢にいくほど高くなっている（図4-8）。これらの知見は、音楽の情報処理においても、脳内の聴覚神経系をより大規模かつ効果的に興奮させるためには、音の変化が重要であることを示唆する。

4. 絶対音感と言葉の脳

　音楽の非定常性に関わる特異な問題として、〈絶対音感〉（absolute pitch）と呼ばれる現象がある。絶対音感とは、正確に調律されたピアノのように、音の高さを測るメカニズムを脳内に具え、聴く音の高さを五線譜上の正確な位置として識別できる能力をいう。

　絶対音感の基準となる〈十二平均律〉、すなわち西洋音楽のピアノの音階は、〈純正律〉と大きくコンセプトを異にし、生物として人類のもつ普遍的な音律感受性とは独立に、人工的に構成されたものである。し

たがって、絶対音感を獲得するためには、なんらかの後天的学習によってそれを脳内にインストールしなければならない。この能力を獲得させるためには、3〜4歳までに訓練を開始し、6歳くらいまでに終了することが必要であると経験則からいわれている。すなわち、本来は連続的な高さをもつ音を音符で分類してラベリングし、音の高さと音符との関係を人間の脳のなかの〈ライトワンス脳〉（第2章参照）に書き込む訓練が必要である。

　絶対音感をもった人では、音の高さと音符の関係が標準周波数に規定された十二平均律に固定され、あたかも言語機能のごとく刷り込まれることは注意を要する。連続性・非定常性を必須の属性とする音楽を、離散的・定常的な構造として認識し、それを人間の脳に強制的に刷り込んだ場合、脳にどのような構造的・機能的な変化が起こるかについて、非常に興味深い報告がなされている。

　カナダの音楽脳科学者ロバート・J・ザトーレらは、脳機能イメージングを応用した絶対音感を含む音楽知覚の研究のなかで、絶対音感をもつ音楽家では、脳の聴覚情報を処理する領域の容積や、音に反応する血流の増大が、右脳を上回って左脳に偏る傾向があること、それに対して、絶対音感をもたない音楽家では、それらの面で左右の脳の均衡がとれていることを報告している。さらに日本の脳イメージング研究者である大西隆らは、さまざまな程度の絶対音感をもった音楽大学の学生を対象として、音楽を聴いているときに活動する脳の部位をイメージングをもちいて調べた（図4-9）。その結果、ソルフェージュ・テストによってより正確な絶対音感を有していると判定された被験者ほど、言語を理解するうえで重要な左の〈側頭平面〉、ならびに言語を表出するうえで重要な左前頭前野の神経活動の強さが、音楽を聴いているときにより高くなっていることを示した。これらの知見は、言語と同じように左脳において絶対音感が処理されている可能性が高いことを示唆している。そうした場合、音楽の本質的属性である時間的に連続した非言語性のアナログ情報構造が、認識の対象から大きく外れてしまい、音楽固有の感覚感性反応が誘導されにくくなるおそれが否定できない。

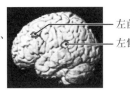
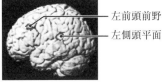

左前頭前野
左側頭平面

ソルフェージュ・テストの成績と、
音楽を聴いているときの脳活動の
強さが正の相関を示す部位

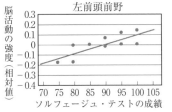
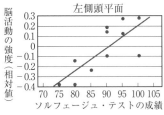

（Reproduced and translated, with permission, from Takashi Ohnishi et al.
Functional Anatomy of Musical Perception in Musicians.
Cerebral Cortex（2001）11（8）：754-760.　Published by Oxford University Press.）

図4−9　絶対音感の正確な人ほど言語脳機能に依存する

　さらに注意を喚起しなければならないこととして、絶対音感をもつことにより脳の構造的な変化が生じることが報告されている。一般に人類の大脳半球には構造的非対称性があり、とくに側頭平面と呼ばれる脳の部位は、言語機能をつかさどる左側が、反対の右側よりも統計的有意に大きいことが知られているが、その左右差の程度は個人によってかなりばらつく。こうした構造的特徴を発見したノーマン・ゲシュヴィントは、左右の脳の大きさの違いの個人差は、左側頭平面の発達度合が一人ひとり異なるために生じると考え、左右が対称的な人の脳は、左脳の発達が悪いことに基づくと推定した。しかし、これについてアルバート・ガラブルダはあらためて詳しく検討し、脳全体の大きさの個人的なばらつきを修正すると、脳の左右差が大きい人は、左側頭平面が大きいのではなく、右側頭平面が小さくなっていることを見出した（図4−10）。つまり、人類の側頭平面の左右非対称性は、左脳が発達して生じるのではなく、右脳の発達が抑制されて導かれる可能性が高い。

　一方、ジュリアン・キーナンらは、絶対音感をもつ音楽家群、絶対音感をもたない音楽家群、絶対音感をもたない非音楽家群について、〈磁気共鳴画像法〉（MRI）によって構造画像を撮像して、側頭平面の表面

76

❧ 人間では、言語機能と関連の深い左脳の側頭平面が右よりも大きい

❧ 左右の脳が対称的な大きさをもつ人は、左側頭平面の発達が悪いと
　信じられてきた

❧ 実際は、左右差が顕著な人において、右側頭平面が小さくなっている

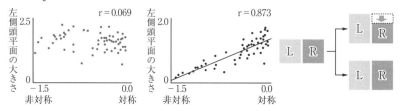

(Reprinted from Neuropsychologia, 25(6), Albert M. Galaburda et al., Planum temporale asymmetry, reappraisal since Geschwind and Levitsky, 859, 863(1987), with permission from Elsevier.)

図4-10　人類の脳の左右差

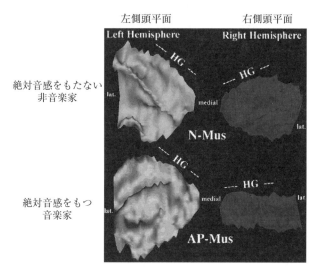

左側頭平面　　　　　右側頭平面

絶対音感をもたない
非音楽家

絶対音感をもつ
音楽家

(Reprinted from NeuroImage, 14(6), Julian Paul Keenan et al., Absolute Pitch and Planum Temporale, 1405, (2001), with permission from Elsevier.)

図4-11　絶対音感と右側頭平面の剪定

積(絶対値)と左右差の指標[(右-左)/(右+左)]を計測した。その
結果、絶対音感をもつ音楽家の脳の側頭平面の左右差は、絶対音感をも
たない音楽家および非音楽家よりも統計的有意に大きいが、それは絶対

音感をもつ音楽家が他の群に比べて、左側頭平面が大きくなっているのではなく、逆に右側頭平面の面積が有意に小さくなっていることを示した（図4-11）。この知見に基づいてキーナンらは、絶対音感は、左側頭平面の発達をもたらすのではなく、右側頭平面の「剪定（pruning）」によって起こると結論づけている。

　以上の脳イメージングのデータを総合すると、絶対音感をもつ人の場合、本来、連続的で非定常的な音楽を、音楽とは異なる言語に近い離散的で定常的な情報として認識する訓練を強制的に受けることにより、連続非定常な情報構造を解析するために必須の非言語性の脳の構造と機能が衰退している可能性を否定できないものにしている。とくに、絶対音感獲得の名のもとに、そうした人間の脳の自然性を無視した訓練が、本人の意図により回避することが不可能な幼少期に強制されることについては、十分に警戒する必要がある。

🎵 研究課題

4-1　鍵盤楽器と管楽器、弦楽器が、それぞれどのように音情報の変化を生み出すか、比較して解説してみよう。

4-2　絶対音感をもつことが、逆に音楽の演奏や受容に不利に働くケースとして、どのような場合がありうるか、考察してみよう。

文献

1）　大橋力：音と文明—音の環境学ことはじめ—、岩波書店（2003）
2）　M.F. ベアーほか著、加藤宏司ほか監訳：神経科学—脳の探求—、西村書店（2007）

5 | 音の情報構造を可視化する手法

仁科エミ

　瞬時に消えてしまう空気振動である音楽。その情報構造を「目に見えるパターン」として書き表すことによって可視化し、記録・保存・伝達する手法を、人類は古来から開発してきた。本章ではまず、音のマクロな情報構造を可視化する手法のひとつである〈楽譜〉の多様な方式とそのなかに見られる文化を超えた共通性を紹介し、西欧で発達した〈五線定量記譜法〉の特徴を知る。また、音の物理構造〈周波数スペクトル〉を描き出す〈高速フーリエ変換〉、さらに、ミクロな時間領域におけるその変化を捉える〈最大エントロピースペクトルアレイ法〉など、本書において重要な役割を果たす音響分析手法の特徴について学ぶ。

1. 音楽の記号化＝楽譜の多様性

　〈音〉は瞬時に消えてしまう。少なくとも録音技術が開発される前は、音楽は、空気振動として一瞬鼓膜を揺り動かしてすぐに消え、再び甦ることのない出来事だった。音楽だけでなく、人間の発する言葉（音声言語）も、同じような性格を具えている。このような音の運ぶ情報を保存する方法として人類が元来使ってきたのは、「脳による記憶」という体内への蓄積だった。しかしこのやり方では、再現性や確実性の面で限界があるだけでなく、ある人の記憶を別の人が体験したり直接利用することができない。そこで人類は、生体内記憶とは別に、生体外のなんらかのメディアの上に音情報を安定した状態で記録、保存、伝達するさまざまな方法を開発してきた。音楽に対する〈楽譜〉、言葉に対する〈文字〉は、その例といえる。それらはともに、音を視覚的な記号に変換して二次元平面上の「グラフィック・パターン」として記述するやり方といえ

る。

　言葉の可視化と音楽の可視化とは共通性をもつ一方、両者には本質的な違いもある。第4章で述べられたように、言葉は、それ自体が一語一語、他と区別される独立した音のかたまりとして時間軸上に数珠つなぎに並んだ一本鎖の構造をもっていて、時間的に不連続で離散性の信号システムになっている。そして、それらが担うメッセージも、離散的な性質が強い。したがって、個々の単音ごとに、あるいはそれらが少数組み合わされた一語一語について、それぞれ一対一で対応する図像（すなわち文字）を当てはめるという簡潔な過程によって、視覚的な記号化が実現する。ところが音楽では、人間が一連の音を音楽だと認識した瞬間、たいていは音が始まった直後から、それが終わったり途切れたと脳が判断する時までのどの時点においても音楽が存在し続けて、空白がない。伝達される情報量の積分値も、音楽では、時間的に連続して常に上昇する。このように音楽とは、時間的に連続したアナログな情報伝達といえる（第4章図4-1参照）。

　なお、楽譜を開発し使用した文化圏は、文字を使用した文化圏よりも少ないものの、文字使用文化圏のかなりの部分に重なる傾向を見せている。人類の文字使用の始まりは紀元前4000年とも6000年ともいわれる。それに比べると楽譜の歴史は少し新しく、古い例としては、古代バビロニアの紀元前8世紀のものと推定される粘土板に、楽譜と判断される楔型文字が見出されている。古代中国では、遅くとも紀元前5世紀には楽譜が使われていたと推定されている（文献1、2）。

　このように古くからの歴史をもつ楽譜は、大別して、音の上下を記号化して示す〈ネウマ譜〉、演奏の手続きを記述する〈奏法譜〉、そして音楽のもつ音の構造を記述する〈表音譜〉という三つの系統に分けることができる。

　〈ネウマ〉とはギリシア語の「合図、身振り」に由来し、合唱を指揮するときの手の合図を意味する（図5-1左図上段）。ヨーロッパ中世のグレゴリオ聖歌の楽譜の様式として知られているものは、4本の線上に四角形の音符が配置され、旋律の動きが示される（図5-1左図中段）。

9〜10 世紀の
旧いネウマ
13 世紀以降の
四線ネウマ

上記を五線
記譜法で表記

「受難の主日のミサのグラドウアーレ」から（スイス　ザンクト・
ガレン写本による）

（音楽大事典，平凡社，1982 から改図）

日本の声明の博士（広
義のネウマ譜）
（NHK 交響楽団編，1974）

図 5-1　ネウマ譜の例

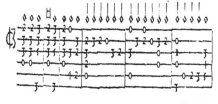

16 世紀、スペインのリュートのための奏法譜
（皆川達夫，1985）

インドのリグヴェーダの奏法譜
（NHK 交響楽団編，1974）

図 5-2　奏法譜の例

　時間の経過に従って音の上がり下がりを示すという意味で原理的にネウ
マ譜に分類可能な楽譜は、ヨーロッパに限らず、世界各地の音楽に見ら
れる（図 5-1 右図）。
　特定の楽器を使って音楽を奏でるときの、音を出す操作の手続きを記
号化して示す〈奏法譜〉には、楽器の多様な特性を反映して、多様な形
式のものが世界各地に見られる（図 5-2）。奏法譜は〈タブラチュア
譜〉とも呼ばれ、〈タブ譜〉と略称されて現在でもギターやドラムスな
どの演奏に使われている。
　それに対して、ある音楽のもつ音の構造を記号化して表す楽譜を〈表
音譜〉といい、西洋音楽で使用される五線定量譜はそのひとつである
（後掲図 5-3）。
　表音譜の形式で音楽を記号化するために、人類はさまざまの仕組みを
開発して、音楽の記号への変換を行ってきた。その手順や使用する記号
は時代や文化圏ごとに多種多様であるものの、ひとつの基本的な共通性

を見逃すことができない。それは、音の高さ、音量の大小、音色の違い、音源の空間分布など音楽のもつさまざまな属性のなかから、とくに「音の高さ」と「音の長さ」という二つの属性を優先して抽出し、それを時間軸上にできるだけ量的に示そうとする工夫である。そして、それらによって構成される〈旋律（メロディ）〉という属性は、その楽曲の固有性を端的に表現し、他との区別を圧倒的に容易にしている。その結果、音楽を形づくっているさまざまな属性のなかから音の高さと長さとを抽出してできるだけ定量的に記号化し時間軸に沿って配列するというやり方が、多彩な形式をとりながらも、人類の楽譜を通底する原則として広く使われてきた。文化の伝搬によって結ばれていたとは考えにくいさまざまな社会のなかで、この原則に則った共通性の高い音楽の記号化の手順が開発され、実用に供されてきたことは、生物学的にも興味深い（文献３）。

2.　脳内感覚に基づく音楽の記号化

　音楽を構成する音の高さ（音高）も音の長さ（音価）も、原理的にはどのような値をとることもできるアナログな連続量である。そこで、これを音符というデジタル構造に変換するためには、音の高さの観測点（サンプリングポイント）をいかに設定するかが大きな問題となる。ひたすら精密を期そうとするならば、無限の観測点をもつ音高の尺度が必要になり、現実性がない。一方、観測点が粗にすぎれば、肝心の値を押さえることができない。ところが、さまざまな文化圏の音楽を横断的に見てみると、そこに共通性のある記号化の方法が見出される。
　たとえば、人間の声はもっとも古くから音楽に使われてきた音源であり、声による音楽は、音の高さ、長さともに生理的に発声可能な範囲内であれば、どのような値をとることもできるはずである。ところが、人類が実際に歌ってきた音楽では、旋律や和音を構成する音高が〈開始音〉〈終止音〉〈核音〉〈持続音〉などを基準にして互いに一定の比をとった少数有限個の離散的な高さの階梯を形づくるという、ほとんど生物学的な通則が見られる。それらの音を高さの順に配列したシステムが

〈音階〉である。ある音楽を形成する音高とその遷移を楽譜の上に記録するためには、その音楽の属する音階を構成する音の高さを観測点にとって計測記録を行えばよいことになる。その作業を円滑に行うために、いくつもの人類社会で、音階を構成するそれぞれの音の高さに固有の名称を与えている。たとえば、中国の「宮・商・角・徴・羽」やインドの「サ・リ・ガ・マ・パ・ダ・ニ」、西欧文化圏での「ド・レ・ミ・ファ・ソ・ラ・シ」（イタリア）、「Ｃ・Ｄ・Ｅ・Ｆ・Ｇ・Ａ・Ｈ」（ドイツ）などがある。

　地球上のさまざまな文化圏で自然発生的に生まれた伝統的な音楽を調べてみると、その多くは７音ないし５音の音階でできているという共通性も指摘されている。文化あるいは時代によって使われる音階は異なるものの、〈音階〉の基盤となる〈音階感覚〉は文化を超えて一般性を有していると考えられる。そして、多くの文化圏では、音階を構成するそれぞれの音の高さと上に述べたようなその呼称とを対応させて歌詞のある歌のように構成し、幼少期に繰り返しそれを歌わせて音階を脳に刷り込み、社会標準の尺度として機能させている（文献３）。

　また、脳内の音階感覚をなんらかの物理現象と対応させ、音階を構成する音の高さの比を定量的に確定しようとする工夫も、すでに古代から試みられている。こうして規定された音階構造を〈音律〉と呼ぶ。たとえば紀元前６世紀前後に、たまたま同じ原理に基づいて、ギリシアで〈ピタゴラス音律〉が、中国で〈三分損益法〉が開発された。ギリシアでは発音源として弦を、中国では管を使い、その発音体の長さを加減することによって周波数の比２対３の音を積み重ねていくと、自然に使われてきた音階の要素になっている音の高さと同じ（実は厳密にはそうはいえないことが後に判明している）音高比が得られるとしたものである。音律にはさまざまなものがあり、ピタゴラス音律のほかに、アラビア文明の影響を受けた三度の和音の濁りの少ない〈純正律〉、多くの和音が協和するように調整して設定された〈中全音律〉、18世紀以降ヨーロッパなどでよく使われるようになった１オクターブを12等分する〈十二平均律〉などが知られている（文献４）。

　音階を構成する音の高さそのものを物理的に確定し基準を設定する工夫も行われてきた。古くは中国で、九寸の長さをもつ笛の発する音の高さを 黄鐘 と名付けて音の高さの基準とし、それは日本に輸入されて雅楽の音階の「壱越」という音高になっている。一方、西洋音楽では、〈周波数〉という物理量とのより本格的な対応がとられるようになった。現代の十二平均律では、その基準となる音を〈ラ〉（A）の音とし、その高さを 1939 年の国際規約で、摂氏 20 度において 440 Hz の振動と定めている。この十二平均律は、次節で述べる五線定量記譜法と一体化して、西欧音楽における楽譜と音との可逆変換の基礎となった。

　音高と並んで旋律を構成するもうひとつの指標となる「音の長さ」すなわち〈音価〉も、どのような値をとることもできる連続量である。しかし、実際行われている音楽では、いくつかの例外を除くと、基準となる長さの 2 倍、4 倍……、そして同じく 1/2、1/4……といった級数的な比をもった離散的な長さの単位の組み合わせで音価が構成されている場合が極めて多い。こうした級数的な構造は、二進法による量子化処理に適している。これらの性質に適合するように記号体系を設定した場合、音価についても精密で効果の高い符号化が可能になる。

　つまり、音楽を構成する音の高さや長さについて、人類には、文化を超えて共通するなんらかの脳内感覚があり、それは離散的な秩序をもっていると考えられる。換言すれば、音楽をつかさどる脳機能には、文化を超えた共通性と、文化固有の多様性とが、ともに存在していると考えられる。こうした文化を超えて人類に通底する生物学的な共通性が、楽譜を成立させるうえで重要な音楽の記号化を実現する基盤となっている。ここから、楽譜によって表されるものは「遺伝子と文化によりコード化された特異的に持続する情報構造」（第 4 章 55 ページ）ということができる。

3.　五線定量記譜法が導いた「楽譜と音楽との可逆変換」と「視覚決定性音楽」

　人類はこれまで、音高と音価のもつこうした離散性の構造に着目して

84

図 5 - 3　五線定量譜の例

多種多様の楽譜を開発し使用してきた。それらは、多くの文化圏のなか
では、音楽の概要を示す目安であり、備忘と伝達の補助手段として使わ
れてきた。その楽譜のなかでとくに高い精密性と操作性をもち、理論・
応用面で圧倒的な実績を蓄積しているものが、西洋音楽の〈五線定量記
譜法〉（いわゆる五線譜）といえるだろう（図 5 - 3）。

　このシステムでは、「五線譜」の名のとおり、5本の横線とその間隙
が構成する空間に、音符などの符号を配置する。音の高さすなわち〈音
高〉は、五線が設定する離散的な上下座標のどこに音符が置かれるかに
よってデジタルに表示される。また、音の長さすなわち〈音価〉は、基
準となる音価の2倍、4倍、あるいは1/2、1/4、1/8、1/16などに設定
された音符と休符とでデジタルに表示する。

　このように整備された五線譜は、旋律だけでなく和音やリズムを含め
て、音楽の重要な構造を定量的かつ精密に〈符号化〉（encode）して記
述することを可能にした。さらに、楽譜上の音高と対応する鍵盤をもつ
ピアノという楽器が開発されたことによって、楽譜に配列された音符の
とおりにピアノの鍵盤を打鍵していけば記述の対象になった音楽が出現
し、楽譜から音楽への〈復号化〉（decode）が達成されるようになっ
た。つまり、実音と音符との等価性の認識に基づいて、音楽と楽譜との
相互に可逆的な変換が実現している。

　このような仕組みが成立するためには、音符を構成する音が一種の
「規格品」になっていなければならない。第4章で述べられたように、
西洋音楽では音楽をつくる基本要素は〈楽音〉と呼ばれ、その属性とし
て音の「高さ」「強さ」「長さ」そして「音色」が一定であると規定され

ている。同時に、こうした規則的な振動構造をもち音の高さが把握できやすい楽音に対して、そうでない不規則な振動構造をもつ音は〈噪音〉として区別されている。楽音としての性格をもった音を次々に時間軸上に並べて連鎖構造を与えることによって旋律（メロディ）がつくられ、時間的に並列構造を与えることによって和音（ハーモニー）が、そして周期的構造を与えることによってリズムがつくり出される。これらは、複数の音を組み合わせて構成される離散構造のユニットといえる。こうした多数のユニットを集めてマクロな構築体がつくられた段階で、それは初めて「音楽」となる。そして、この符号の配列が図像パターンとして先行例のない構造をとったとき初めて、それはオリジナルな作品とみなされ、その音符の配列を決定し、記述した人物が作曲家、すなわち著作権者となる、というのが西洋音楽の基本的な考え方といってよいだろう。

　このことは、五線紙という平面上で音符の配列を検討し、その譜面に基づき音楽の出来上がりの状況をシミュレートするという視覚的な作業によって、聴覚に訴えることを本質とする音楽の創作が、実際の音の媒介がない状態でも実現可能になったことを意味しており、注意が必要である。これによって、リアルタイムに聴覚系を働かせる場合の人間の脳の容量や機能の限界を楽々と超えることができ、それまで不可能だったほど複雑・長大で精緻な構造をもつ音楽を生み出すことが可能になったと考えられる。

　視覚的シミュレーションによる作曲の威力を示すわかりやすい例が、作曲家ルドウィヒ・ファン・ベートーヴェンといえる。ベートーヴェンは若い頃から聴覚障害に悩まされ、32歳の頃に難聴の悪化に絶望して自殺を決意したほどである。ところが、その後に、交響曲第三番『英雄』に始まる多くの交響曲、歌劇『フィデリオ』など、それまでにない大規模で複雑な素晴らしい作品が生み出されている。48歳頃に聴力をほぼ完全に失った後も、交響曲第九番『合唱付』のように、聴覚に依存していた頃をしのぐ傑作を次々と発表した。ベートーヴェンの有名な肖像画が、ペンを握り楽譜を手にしているのは示唆的といえる。反対に、

バロック音楽を代表する作曲家のひとりゲオルク・フリードリヒ・ヘンデルは、晩年に視力を失っている。失明後のヘンデルは、指揮やオルガン演奏では相当の活躍をしている一方、作曲では新境地の開拓に至っていない。これらの事例は、「視覚的シミュレーションによる作曲」という手法がいかに有力であるかを裏付けているのではなかろうか（文献5）。

4. 音の情報構造を可視化する情報学の手法

　ここで、音それ自体が本質としてもっている振動現象という〈物理構造〉の切り口で音を捉える情報学の手法について見てみよう。それは、本書でもちいる研究手法の紹介でもある。

　音は、圧力が時間とともに連続的にゆらぎ続けながら主として空気を媒体にして空間的に拡がっていく現象、すなわち粗密波である。この音の物理構造を視覚で捉えるもっとも直接的な方法は、ある観測点の空気圧の時間的変化、すなわち音圧あるいは振幅の変化という目に見えない現象を電気信号に変換し、〈オシロスコープ〉などに映し出す〈時間波形〉といってよいだろう。しかし、この方法が有効性を示すような整然とした音は、自然界に実在する音現象としてはそれほど多くない。現実に存在する音は、電子的または機械的に特別につくられた人工音を除くとほとんど例外なく、いろいろな周波数の振動成分がさまざまな強さをもって共存した複雑な構造をとっている。そうした音のもつ全体像を捉えるためには、周波数と音圧との関係を示すグラフ、すなわち〈周波数パワースペクトル〉が有効性を発揮する。さまざまな振動成分が混ざって不規則に変化し続ける音楽については、その性質を周波数軸上で切れ目のない音圧分布すなわち連続スペクトルとして可視化して解読する手段がよく使われる。現在では、〈高速フーリエ変換〉（Fast Foulier Transform；FFT）のアルゴリズム開発とコンピューター技術の発達を背景にした周波数分析手法、そしてそのさまざまなバリエーションが音の可視化手段として中心的な位置を占めるようになっている。

　FFTによる解析には、持続する音の平均的な周波数分布を簡便に読み取ることができるというメリットがある。ただし、FFTによるスペ

クトル分析は音信号の定常性を前提としている。つまり、計測された限られた区間の信号とまったく同じ信号が繰り返されていると仮定している。しかし、それでは繰り返しのつなぎ目が不連続になってスペクトルが大きくゆがんでしまうため、つなぎ目が連続になるように適当な窓関数をかけるという操作がなされる。この操作によって、波形の周期に比べて観測時間が短くなるに従って、誤差がたいへん大きくなる。そのため、一定時間を平均した周波数スペクトルを示す。このことはFFTでは非定常な変化は前提にしていないことを意味しており、実際、爆発音のような突発的な音にはFFTはうまく適合しないことが指摘されている。

　そこで、爆発音のような一過性の音の分析にあたっては、たとえばウェーブレット関数による分析手法などが開発されている。しかしウェーブレット関数は、ゼロから急激に大きくなり、またゼロに収束するものであるため、音楽のように連続的に流れ続ける音に適合性が高いとはいえない。

　このように、現在主流になっている音を可視化する方法は、極めて定常な音に適合した分析法と、極めて非定常な一過性の音に適した分析法とに二極分化していて、時々刻々連続的に変容する音楽のような性質をもつ音については、実態を忠実に描写することが難しい。

　こうした限界を克服するうえで、地球科学分野でジョン・パーカー・バーグにより開発された〈最大エントロピー法〉、そして工業化学分野で赤池弘次により開発された〈自己相関分析法〉を応用した解析手法が提案されている。これらの方法は、情報エントロピーの概念を導入したもので、計測によって得られた信号の外側にはまったく仮定を置かないという特徴があり、非定常な信号を扱う場合にも安定性が高い。とくに、FFTスペクトルは計測区間を短くするほど不安定になるのに対して、最大エントロピー法をもちいると、数ミリ秒のような短いデータからでも安定したスペクトルを得ることができるとされている。

　このような最大エントロピー法の特性を活用して音楽の音信号構造の変化を視覚的に捉える手法として開発されたのが、〈最大エントロピー

スペクトルアレイ法〉（Maximum Entropy Spectral Array Method；MESAM、または〈ME スペクトルアレイ法〉）である。この手法は、音楽信号の時系列データを高速サンプリングにより A/D（アナログ／デジタル）変換した後、たとえば1個の音符に該当する音信号ないしそれ以下の音信号をも多数の短い区間（時間）に分割してそれぞれの ME スペクトルを求め、三次元アレイ状に配列し、スペクトル形状の連続的な変化を視覚的に表示する（文献6）。これによって、これまでのどの手法でも適切には実現していなかったミクロな時間領域での音構造の変化を、これまで例がないほど認識しやすく表示することを可能にしている。

　実例として、ピアノ、チェンバロ、バリ島のガムランという3種類の楽器音の分析結果を紹介する。これらの楽器についてできるだけ忠実にその音の実体を調べるために、超広帯域高忠実度でのデジタル録音が可能なシステムを準備して録音を行い、まず FFT で周波数パワースペクトルを分析した（図5-4）。横軸は周波数、縦軸はその周波数成分の強さを示している。ピアノの音の周波数上限は時間平均で 10 kHz を超えないのに対して、チェンバロの音に含まれる周波数上限は 60 kHz、ガムラン音に至っては 100 kHz に達し、人間の可聴域上限とされる 20 kHz

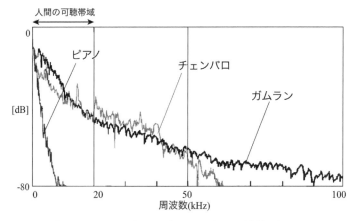

図5-4　ピアノ・チェンバロ・ガムラン音の周波数パワースペクトル

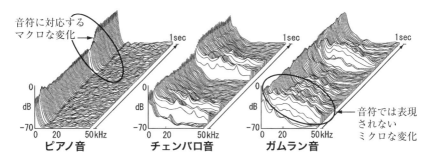

図 5 - 5　ピアノ・チェンバロ・ガムラン音の ME スペクトルアレイ

を超える高周波成分が豊富に含まれていることがわかる。

　次に、これら楽器音の ME スペクトルアレイを見てみよう（図 5 - 5）。このデータは、10 ミリ秒ごとに 1 本の ME スペクトルを描き、それらを手前から奥に時間が流れるように配置している。それぞれの音に含まれている周波数の上限を見ると、FFT による分析結果とほぼ共通してピアノ、チェンバロ、ガムランの順に高周波成分が多い。

　ここでピアノ音の分析結果を見ると、ME スペクトルごとの形状が大きく変わる箇所がところどころにあり、それ以外ではスペクトルの形はほとんど変わらず一定していることが注目される。これが打鍵によって音高が変わる箇所であり、楽譜で表される離散的でマクロな変化という情報構造がここに現れている。音高が変わった後にスペクトルの形はほとんど変わらないことは、音色の定常性が高い水準で保たれていることを示している。つまり、このピアノ演奏はまさに、定常的な〈楽音〉を適切な演奏によってその理想に近い形で具現化しているということができる。ただし、よく観察すると、音の立ち上がりやその直後に、非定常な構造が微弱ながら含まれている。チェンバロとガムランの音ではスペクトル構造の非定常な変化がより顕著に現れ、音の立ち上がりと終わりの部分、さらに倍音領域にも、スペクトルの複雑で非定常な変容が観察される。ここには、時間的に切れ目なく複雑にスペクトルの形を変容させ続けていく非定常な信号構造が認められ、それは、符号化して楽譜に記述することは到底できない「ミクロな時間領域で連続して変容する非

定常的な情報構造」といえる。

　こうした音楽の可視化手法を対象に合わせて的確に選択し、あるいは併用することによって、音楽のもつ情報構造をより適切に可視化し、理解することができる。

5.　音楽と環境音の情報構造を可視化する

　音楽に使われる音がつくられる際の〈発音原理〉について、人間という動物の発音動作と発音体との相互作用に注目して、〈打つ・叩く〉〈振る・ゆする〉〈はじく〉〈こする〉〈吹く〉〈歌う〉に分類し、それらによってつくり出される音の情報構造を ME スペクトルアレイ法をもちいて可視化した（図5-6）。いずれの発音方式でつくられる音にも、人間の可聴域上限 20 kHz を上回る高周波成分を含むものが少なからず存在している。それに対して、ピアノやベルカント唱法などの西欧近代の音楽に使われる音には高周波はあまり含まれておらず、エネルギーがもっぱら可聴域に集中する傾向が認められる。

　また、環境音は、自然条件や土地利用の様態、さらにそこで行われている人間の活動を端的に反映している。そこで、さまざまな環境に広帯域音収録システムを搬入して環境音を高い忠実度で記録し、分析が行われた。自然性の高い熱帯雨林環境音には、20 kHz を大きく超え、時として 200 kHz に達する複雑に変化する超高周波が豊かに含まれていることがわかった（図5-7、文献8）。それら超高周波の発生源が、熱帯雨林に生息している多種多様な昆虫であることが明らかにされつつある（文献9）。人類の遺伝子はアフリカの熱帯雨林で進化したと考えられており、人類の遺伝子と脳は超高周波にあふれた音環境に適合するように数千万年かけて進化してきたといえる。それに対して現代都市では、屋外の環境音に含まれる自然由来の周波数は 20 kHz を超えることはまれであり、遮音性の高い建物の屋内環境音の周波数上限はしばしば 5 kHz 以下にとどまり、自然性の高い音環境との隔たりが大きいことが注目される。

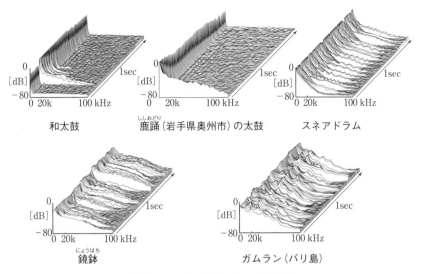

(a) 打つ・叩く楽器の音の情報構造

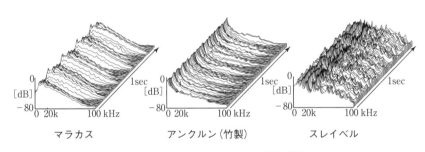

(b) 振る・ゆする楽器の音の情報構造

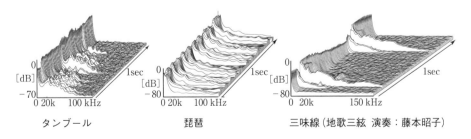

(c) はじく楽器の音の情報構造

図 5 - 6　音楽に使われる音の多様性（文献 7 から改図）

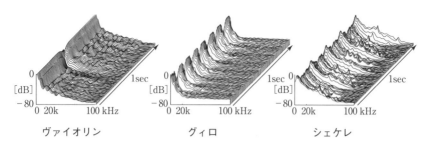

（d）こする楽器の音の情報構造

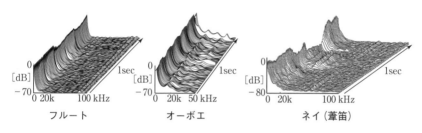

（e）吹く楽器の音の情報構造

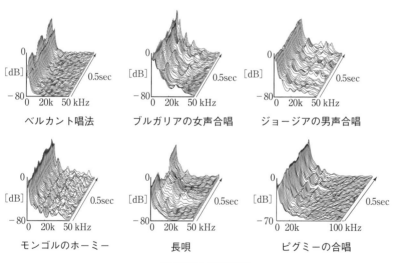

（f）歌声の情報構造

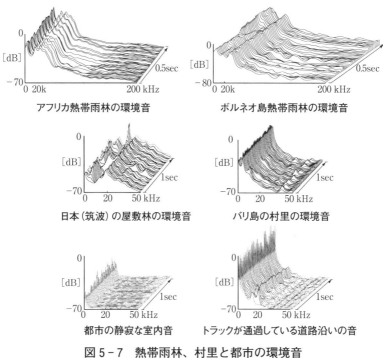

アフリカ熱帯雨林の環境音　　ボルネオ島熱帯雨林の環境音

日本（筑波）の屋敷林の環境音　　バリ島の村里の環境音

都市の静寂な室内音　　トラックが通過している道路沿いの音

図 5 - 7　熱帯雨林、村里と都市の環境音

🎸 研究課題

5-1 五線譜以外の楽譜の実例を、辞典類やインターネットをもちいた
　　　検索によって調べ、それがネウマ譜、奏法譜、表音譜のいずれに属
　　　するかを調べてみよう。

5-2 ピアノ、チェンバロ、ガムランそれぞれの音を出す仕組みを調べ、
　　　その発音機構の違いが楽器音の FFT スペクトルや ME スペクトル
　　　アレイにどのような影響を及ぼしているかを考察しよう。

文献

1） 皆川達夫：楽譜の歴史、音楽之友社（1985）
2） NHK 交響楽団編、小泉文夫監修：日本と世界の楽譜、日本放送出版協会
（1974）
3） 大橋力：音楽のなかの有限と無限（7）、科学、Vol. 83、No. 1（2013）
4） 大橋力：音楽のなかの有限と無限（6）、科学、Vol. 82、No. 10（2012）
5） 大橋力：音と文明─音の環境学ことはじめ─、岩波書店（2003）
6） 森本雅子ほか：音の現実感と脳電位の過渡的変化、日本バーチャルリアリ
ティ学会論文誌 3 巻 1 号（1998）
7） 八木玲子：音楽に使われる音の多様性、仁科エミ、河合徳枝：音楽・情報・
脳、放送大学教育振興会（2013）
8） 仁科エミ、大橋力：超高密度高複雑性森林環境音の補完による都市音環境改
善効果に関する研究、日本都市計画学会都市計画論文集、No.40-3（2005）
9） Sarria-S FA, Morris GK, Windmill JFC, Jackson J, Montealegre-Z F：Pitch
Production：Hyperintense Ultra-Short-Wavelength Calls in a New Genus of
Neotropical Katydids（Orthoptera：Tettigoniidae）. PLOS ONE, 9（6）, e98708
（2014）

6 | 感性脳を活性化する超知覚情報 ──ハイパーソニック・エフェクト

仁科エミ

　人間に聴こえる周波数の上限は 20 kHz を超えない。ところがこの知覚限界を超える超知覚情報が可聴音と共存すると脳深部を活性化し、心身にポジティブな影響を及ぼす現象が見出されている。日本原産のオリジナリティの高いこの知見は、音楽・情報・脳を結ぶ本格的な研究アプローチが稔った典型的な事例といえる。本章では、この現象〈ハイパーソニック・エフェクト〉の発見の経緯をたどりながら、感性脳を活性化する超知覚情報について学ぶ。

1. 発端はレコーディング・スタジオに

　超知覚情報によるハイパーソニック・エフェクト発見の発端は、アナログレコード（LP レコード）の爛熟期からデジタルメディア（CD・コンパクトディスク）の揺籃期へと移行しつつある 1980 年代の商業用レコーディング・スタジオにあった。

　この現象の発見者である大橋力は、音楽家・山城祥二というもうひとつの名前をもち、1970 年代中頃から作曲・指揮のみならず、録音・編集に及ぶレコード制作の大半のプロセスに直接的に携わっていた。当時の商業用レコード（LP）制作環境は、すでに極めて高度に整備されており、さまざまな処理技術を駆使することができた。そのなかで山城は、人間の可聴域上限とされている 20 kHz を大幅に上回り時として 50 kHz を超える周波数領域を電子的に強調すると、音の味わいが歴然と感動的になることに気づき、これをレコードづくりのいわば〈奥の手〉として常用していたという。

　1982 年に CD が登場し、レコーディング・スタジオは、アナログか

らデジタルへの転換期を迎えた。山城は 1985 年、新しいメディアである CD の特質を最大限活かす作品の作曲とプロデュースをレコード会社から委嘱された。当時のトップクラスのレコーディング・エンジニアを結集したこのプロジェクトでは、爛熟を極めたアナログ技術の粋と、当時最先端のデジタルレコーダーとを動員して、録音・編集が行われた。そして、最終的につくられたアナログマスターテープをもちいて LP がつくられるとともに、それをデジタル変換した CD もつくられた。こうしてまったく同一のアナログマスターテープから、LP と CD『輪廻交響楽』（文献 1 ）が誕生した。

　この両者のテスト盤を初めて聴き比べたときの衝撃を、山城は以下のように記している。「まず『輪廻交響楽』の LP が再生された。それは、すでに九枚に達していた芸能山城組 LP シリーズの中でも明らかに画期的な一枚であることが、たしかな手応えとして感じとれた。続いて、LP がここまで聴かせるとしたら、『夢のオーディオ』を標榜する CD からはどれほど凄い音が出るのか、と果てしなく期待がふくらむ中で、CD が再生された。冒頭の〈トーンクラスター〉を数秒間聴くうちに、私は、体中から血の気が引いていくのを覚えた。いわば『やんぬるかな、全ては終わった』の心境である。そして予感通り、その歓迎すべからざる音の味わいは冒頭の印象を最後まで変えることがなかった。この違和感のようなものは、それまでの自分の音の体験の中でおそらく初めてのものだったのではないかと思う」（文献 2 ）。同じような印象を受けていたレコーディング・エンジニアも少なくなかったという。

　LP に比較して CD の音質が歴然と劣っている理由として、山城は当初、CD に特化した技術的対応が確立していないために一時的に音質の向上が妨げられているのではないか、と解釈していた。しかし、やがて、CD のもつ記録・再生周波数上限が 22.05 kHz であるという限界と、上記の音質の違いとに結びつきを覚えるに至った。

　当時の学界では、CCIR（Comité Consultatif International des Radio communications、現在の ITU-R）の勧告またはそれに準拠した厳密な心理実験によって、15 kHz 以上の周波数成分の有無は音質知覚に影響

を及ぼさない、という認識が定説化していた。また、人間の音の知覚に影響を及ぼす周波数上限に関わる研究は、「音として知覚できる周波数の上限はどこか」と、「音質の知覚に影響を及ぼす周波数の上限はどこか」という二つの問題意識が必ずしも判然とせず入り交じった様相で行われていた。

　「音として知覚できる周波数の上限はどこか」については、ジョージ・フォン・ベケシーの研究によって議論の余地の少ない決着に至っている。すなわち、内耳の基底膜の共振周波数は理論的には 20 kHz 以上に及びうる一方、耳小骨（第2章図 2-7）が機械的なフィルターとして作用して 20 kHz 以上の周波数成分が内耳に伝わるのを遮断しているため、可聴域上限は 20 kHz を上回りえない。この結論は、音の聴こえを調べる音響心理学実験からも支持されている。

　一方、1970 年代後半のデジタルオーディオの実用化に際して、音質上どれだけの周波数までをカバーする必要があるかが大きな問題になり、「音質の知覚に影響を及ぼす周波数の上限はどこか」が重要な検討課題となった。当時の技術的制約からも、必要十分で無駄のない標本化（サンプリング）周波数を設定するために、多くの検討が行われた。ただし、その手法は原理的に、一対比較法による心理実験に事実上限定されていた。その結果、音声信号の伝送所要領域は一般に 15 kHz までで十分であり、それ以上の帯域成分は音質差の弁別に影響を及ぼさないという見解がほぼ一致して得られた。高周波の効果があると確信しているエンジニアたちの協力を得てこのような実験を行っても、なぜか結果は変わらなかったという。それらに基づき、CD では 22.05 kHz（PCM方式による標本化周波数 44.1 kHz）、CD のマスターテープとなる DAT（Digital Audio Tape）では 24 kHz（標本化周波数 48 kHz）という記録周波数上限が規格として設定された。

　しかし、音楽家・山城祥二と同一頭脳を共有する科学者・大橋力は、内観的に疑問の余地のない超高周波成分のあり・なしによる歴然たる音質と感動の違いが科学的に否定されるならば、CCIR の実験法の妥当性を吟味する必要がある、という生命科学者としていわば必然の認識に達

した。そこで、CCIR方式の心理実験法そのものを吟味し直す一方、それよりも優先して、心理実験とは異なる原理に基づく手法、とくに生理反応を指標にした手法によってこの問題にアプローチする研究が構想された。

2. ブレイクスルーをもたらした音源と装置

大橋らが研究に着手した当時、知覚限界を超える高周波が人間に及ぼす影響が暗黙のうちに考慮対象の外に置かれていたであろうことは、当時の実験に20 kHzをさほど上回らない高周波成分を含む音源がもっぱら使われていた実態からもうかがわれる。

一方、この問題の契機となった山城のレコード制作体験は、可聴域上限をはるかに上回る超高周波領域に関わる。したがって、核物理学で研究の首尾を決定づける最大の要因として加速器パワーの巨大化が最優先で求められるように、より高い周波数領域までより強大なパワーをもつ実験用音源を探索することが重要な課題となった。この課題の解決は困難を極めたが、たまたまこの時期、大橋は、後に〈JVCワールドサウンズ〉として世界最大級のCDコレクションを形成する民族音楽の収集にあたっており、地球規模での素材探索が可能になっていた。そこで問題になったのは、必要な分析器（望ましくは100 kHzをカバーする可搬型周波数分析装置）が存在していないことだった。やむをえず、スタジオで培った自らの感覚にすべてを委ね、おそらくは最善であろうとの決断のもとにインドネシア・バリ島のガムラン音楽を選択し、これを現地で収録して実験に供したという。この音源のパワースペクトルを自在に分析できるようになったのは1990年代に入ってからで、バリ島のガムランの音が超高周波の含有や複雑性において傑出していることが、この時点でようやく確認された（第13章図13-3）。この理想的な音源の確保が以後の実験に果たした貢献は、計り知れない。

音源に含まれている超高周波成分を損なわず記録するレコーダーの準備も、至難の課題となった。最初期ではオープンリールレコーダーNAGRA Ⅳ-Sを改造、次いでBrüel&Kjær社の計測用レコーダー7006

を採用するなどアナログレコーダーで苦戦した。突破口となったのは、山﨑芳男早稲田大学教授（当時）から高速標本化1ビット量子化方式によるデジタルレコーダーが提供されたことだった。

　呈示系における最大の課題は、スピーカーにあった。音源に含まれる超高周波を忠実に再生できるスピーカーが市販品に見当たらなかったからである。これについては、ダイアモンド薄膜によるスーパートゥイーターを搭載し100 kHzに達する超高周波再生能をもつスピーカーの開発を実現することで、突破口が開かれた。その後さまざまな工夫を重ね、現在は150 kHzを超える応答を有するスピーカーが実験に使用されている。

3.　脳波を指標として見出された超高周波の効果

　高周波の影響を検討するためにもっぱら採用されてきた音響心理学の実験法は、「こころ」というきわめて複雑で不安定な情報処理プロセスを経由することに基づく限界が著しい。そこで、心理反応の基層をなす生理的プロセスに着目することによって、より簡潔明晰に結果を導くことが構想された。

　とりわけ近年の脳科学研究手法の著しい進展は、第2章で説明されたように、さまざまな非侵襲脳機能計測を可能にする。そのなかから大橋は、超高周波の共存によって音が魅力的に感じられ感動が増す、というレコード制作過程での自身の体験を当時の先端的な脳科学の知見に照らして、それが脳の〈報酬系神経回路〉の活性化をもたらし、その結果として〈脳波α波〉を増強するのではないかという仮説を立てた。そして、超高周波を含む音と含まない音とで、脳波α波の発現状態に差が認められるかどうかを検討することを試みた。この場合、報酬系の活性化を妨げるような計測環境下では、計測環境の負の影響に呈示音による感性反応が埋没して結果が現れにくくなるおそれがある。ところが、当時は健常者を対象とした脳波研究は緒についたばかりで、医療現場での脳波計測にはそうした感性反応に関わる配慮がほとんど認められず、緊張や恐怖などのネガティブな情動反応が報酬系の活性化を妨げる可能性

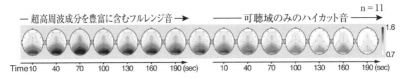

図6-1　超高周波を含む音は時差をともなって脳波 α 波を増強させる

が濃厚だった。そこで、こうした影響を排除し、快適な環境で音楽を楽しむことができるような脳波計測実験のための環境が特別に構築された。さらに、従来の医療用脳波計測手法を抜本的に見直し、FM 多重送信によってワイヤレスでデータを送信するテレメトリー・システムの導入と改良により、ノイズの混入を避けるとともに実験参加者の行動を計測時の拘束から解放するなど、実験条件に細かい工夫が重ねられた。

　そして、超高周波を豊富に含むバリ島のガムラン音楽（200 秒）を呈示音として、① 26 kHz 以上の超高周波成分と、可聴音を主とする 26 kHz 以下の成分とが共存する［フルレンジ音］、② 26 kHz 以下の［ハイカット音］、③暗騒音（環境雑音）のみの［ベースライン］の 3 条件を構成し、それぞれの条件下の脳波を連続して記録し、α 波帯域のパワーについて頭皮上の脳電位図を描いた。

　その結果、α 波のパワーはフルレンジ音呈示開始から 20〜30 秒間かけて顕著に増加し、フルレンジ音呈示中はその活性水準が保たれ、ハイカット音に切り替えると約 100 秒近くその活性が残留し一種の「脳活性の残像」を構成したのち減少する、という特異な経過が認められた（図6-1）。そこで、この残像が消え尽きる音呈示後半の時間領域について α 波パワーを数量化して統計検定したところ、超高周波成分を豊富に含むフルレンジ音によって α 波パワーが統計的有意に増強されるという事実が世界で初めて見出され、国際学会で報告された（文献 3 ）。

4.「聴こえない超高周波」が基幹脳を活性化する

　脳波は時間分解能に極めて優れる一方、超高周波に脳のどの部位が反応しているのか、といった空間情報を与えてはくれない。それに対し

て、〈領域脳血流〉（rCBF）は、脳内活性化領域について精緻な空間的情報を与えてくれる。そこで大橋らは、超高周波成分の共存による効果の発現に関与する脳領域を、ポジトロン断層撮像法（PET・第2章2節参照）をもちいた脳血流計測により検討した。トレーサーには半減期2分の$H_2{}^{15}O$を使い、脳波実験に準じてPET測定室の環境を細部にわたり改造・快適化し、音源に同じガムラン音楽を採用して、一連の実験が3か年にわたって行われた。呈示音としては、実験室の暗騒音（ベースライン条件）に加えて、ハイカット音、超高周波単独、フルレンジ音が呈示され、各条件間のrCBFが詳細に比較検討された。

　まず、〈SPM〉（Statistical Parametric Mapping）ソフトウェアをもちいて、条件間の血流の差を統計的に検定し画像として描出した。その結果、フルレンジ音を呈示した時には、ハイカット音を呈示した時に比べて脳深部にある中脳と間脳の血流が統計的有意に増大するという注目すべき結果が得られた。それらの活性化部位は、聴覚神経系の中継点となる下丘や内側膝状体とは一致しない。つまり、聴覚系に属する領域では、超高周波成分があるかないかによって神経活動に変化は認められない。この特異な脳深部の活性増大は、超高周波単独の呈示では観察されなかっただけでなく、可聴音単独の呈示（ハイカット音）ではこの部位の活性は逆に下降し、ベースライン条件に比較しても統計的に有意に抑制されることが判明した（文献2、4）。

　SPMによる解析は、活性部位の頂上をいわばピンポイント的に厳密に描出する。それに対して頂上から裾野そして山脈のつながりを包括的に捉えるには、〈主成分分析法〉が適している。これによって、呈示される音の違いに対応して互いに関連し合いながらまとまって活動する神経回路の全体像が描出された。その結果、最大の活性変化を示す〈第一主成分〉として、可聴音の存在に対応して古典的聴覚系を構成する側頭葉の聴覚野皮質を含む領域が当然ながら抽出された。その次に大きな変化を示す〈第二主成分〉として、超高周波成分の存在に対応して、視床・視床下部、中脳から発し帯状回および前頭前野へと拡がるモノアミン系と推定される神経ネットワーク、さらに頭頂葉楔前部が抽出される

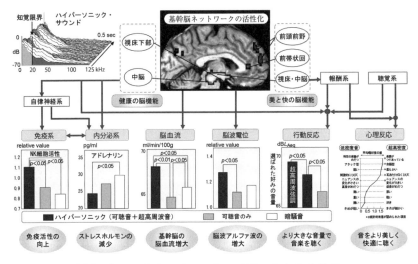

図6-2　ハイパーソニック・エフェクトの全体像

という注目すべき結果が得られた（図6-2上部中央、文献2）。視床、中脳やそこから大脳辺縁系、大脳皮質へと投射するモノアミン系ネットワークは情動・感性に関わり、美しさ快さをつかさどる〈感性脳〉を構成する（第3章）。また視床下部は、生体制御系すなわち自律神経系、免疫系、内分泌系の最高中枢として健康をつかさどる〈生命脳〉を構成する。第二主成分として抽出されたこれら二つの脳機能が一体化した脳深部構造はまさに人間の心と体の根幹を担うものであり、〈基幹脳ネットワーク〉と呼ぶにふさわしい。

　脳血流計測と同時に行われた脳波計測により、基幹脳ネットワーク全体の活性が、頭皮上特定の領域から抽出される特定周波数帯域の脳波 α 波パワーと高度に有意に相関していることも明らかとなった（図6-2、文献2、4）。

　ここで見逃してはならないことは、超高周波成分を除いたハイカット音を呈示した時、音楽のない暗騒音条件の時よりも基幹脳ネットワークの活性が顕著に抑制されたことである（図6-2）。先に述べたように、この神経ネットワークの機能はさまざまな生命活動に密接に関与しており、その活性低下がいわゆる現代病の誘発可能性と関連して近年急速に

注目されつつあることからも、それがもたらす直接間接の影響に十分な注意を払う必要がある。

　以上の検討により、人間の可聴域上限を超える高周波成分は、可聴域成分と共存することにより基幹脳ネットワークを活性化し、それを反映して脳深部の血流を増大させ、脳波 α 波を増強する生理的効果、可聴域の音をより美しく興趣豊かに感受させる心理的効果をもつことが明らかになった。これらの効果を総称して〈ハイパーソニック・エフェクト〉、そうした効果を導く音は〈ハイパーソニック・サウンド〉と命名された。この効果は超高周波成分単独では引き起こされず、それが可聴音と共存するときにのみ発現する。その効果の発現と消退には遅延をともなう。また、古典的聴覚系に含まれない脳部位の活性が増大する。こうした実験結果全体を従来の聴覚生理学や音響学の知識によって説明することは極めて難しい。

　これについて大橋らは、研究の萌芽期に当たる 1980 年代後半に、「空気振動に対する人間の反応は二次元の構造をもつ」という新しい仮説のプロトタイプをいち早く築き、以後一貫してそれを成熟させてきた。

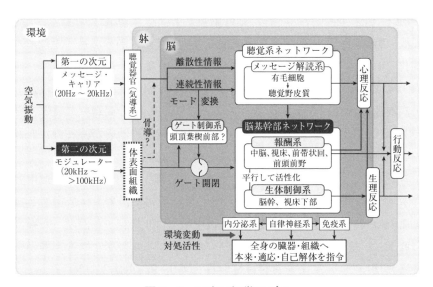

図6-3　二次元知覚モデル

PETによる脳機能解析はこのアプローチに強力な材料を提供することとなり、ハイパーソニック・エフェクト全体を矛盾なく説明できる〈二次元知覚モデル〉をおおむね完成することに成功している（図6-3）。このモデルを構成する第一の次元は、可聴帯域20 Hz〜20 kHzの振動成分に対する反応である。この成分は古典的な聴覚神経系で処理され、〈メッセージ・キャリア〉として作用する。第二の次元は、おそらく40 kHz付近を下限とし、上限は100 kHzを超えるかもしれない非可聴域の超高周波振動成分に対する反応である。この成分の効果は、第一の次元に音楽のような連続性の音情報が入力している時に限り開かれる神経回路上のゲートを通過して中枢神経系に伝達され、間脳、中脳、報酬系など情動系神経回路によって処理されることにより、情報入力に対する人間の感受性を快感の誘起および／または負の刺激の緩和の方向に変調させる〈モジュレーター〉の機能をもつと考えられる。この二次元知覚モデルによって、現在までに見出された実験事実のすべてを、包括的に矛盾なく説明することができる（文献2、5）。

5. 多様な活性化を導くハイパーソニック・サウンド

　PET実験の結果見出された基幹脳ネットワークの活性変化は、超高周波の影響が、生体制御系を構成する自律神経系・内分泌系・免疫系の変化としても検出できる可能性を示唆している。そこで大橋らは、血液・唾液中の生理活性物質を指標としてそれを計測することを試みた。超高周波を含むガムラン音楽のフルレンジ音を40分間聴いた時と、その22 kHz以上をカットしたハイカット音を同様に聴いた時との、血液および唾液中の生理活性物質の活性や濃度を比較した。その結果、フルレンジ音によって、がん細胞に対する一次防御などの主力となる血中の〈NK細胞活性〉が統計的有意に上昇した。反対に、ストレス指標となる血中の〈アドレナリン濃度〉や唾液中の〈コルチゾール濃度〉が顕著に低下し、健康をつかさどる生体制御系に対するポジティブな影響が全身に波及していることを裏付けている（図6-2、文献2、5）。

　脳波実験から、〈ハイパーソニック・サウンド〉による α 波パワーの

増強には数十秒間の、その消失には 100 秒間程度の遅延すなわち「脳活性の残像」をともなうことがわかっている（図 6‑1）。α 波がハイパーソニック・サウンドによる脳の報酬系の活性化を反映するという作業仮説からすると、このことは、超高周波による音の味わいの変化にも同様の経過、すなわち「音知覚の残像」をともなう可能性を示唆する。それに対して、従来の心理学的評価法では CCIR の勧告に準拠して、0.5〜15 秒程度の長さのフルレンジ音とハイカット音とを数秒間隔で頻繁に切り替えて呈示しており、残像効果に対する防備が極めて弱い。そうした条件下では、ハイパーソニック・サウンドが導く脳の反応の残像が、その後の音入力によって導かれる反応とオーバーラップして、その時点で入力されている音に固有の心理的な応答を忠実に構成できず、主観的判断を混乱させるおそれがある。そこで大橋らは、残像がおおむね消滅する 100 秒間を十分に上回る 200 秒間の長さをもつガムラン音楽を、その本来のフルレンジ音、および 22 kHz 以上の高周波を除いたハイカット音の 2 条件で呈示し、こうした条件下での実験に適したシェッフェの〈一対比較法〉により音質評価が行われた。

　この設定によって、超高周波を含むか否かの違いを音質の差として高い統計的有意性のもとに弁別させることに成功した。ここで採用したシェッフェの一対比較法では、音の差を言語表現として検出できる。これによって、超高周波を含むフルレンジ音は、ハイカット音に比較してより「やわらかく」「余韻豊かに」「各楽器音がつりあって」「耳あたりよく」響くこと、すなわち一言でいえばより美しく快く感じられることが統計的有意性をもって明らかにされた（図 6‑2、文献 2、3）。ここに設定した長時間呈示の有効性は、こののち他の研究者による実験によっても観測されている。

　報酬系を構成する〈モノアミン神経系〉や〈オピオイド神経系〉などでは、神経伝達物質の〈シナプス〉滞留時間が長いうえに〈後シナプスニューロン〉での二次メッセンジャーの生成によるカスケード増幅が加わり、いったん活性化すると、入力信号がなくなってもその効果が顕著に残留しうることが知られている。ここに見出された事実は、超高周波

の効果の発現にそうした時間特性をもつ報酬系神経回路が関与している
とする大橋らの作業仮説と整合するものといえる。

　さらに、報酬系の活性化は、心理反応のみならず、生理・心理の統合
出力である人間の行動にも反映する可能性がある。そこで、呈示音のな
かに超高周波が含まれているかいないかに対する脳の応答が、行動出力
の差として発現するかどうかについての検討が行われた。そのために、
実験参加者の快不快などの感性反応を反映した微妙な音質差の弁別に有
効性を発揮する音質評価手法をもとに、ハイパーソニック・エフェクト
に固有の特性を考慮した〈最適音量調整法〉が開発された。この手法を
もちいて実験参加者にフルレンジ音とハイカット音の音量を自由に調整
させ、それぞれの音に対してもっとも快適と感じられる音量（快適聴取
レベル：comfortable listening level（CLL））を調べた。

　その結果、フルレンジ音が呈示される時には、ハイカット音が呈示さ
れる時に比較してより大きな音量になるよう、実験参加者が自発的に聴
取レベルを設定することが明らかとなった。この差は統計的有意性をも
つ。超高周波成分を増強すると、この効果はさらに統計的有意に増強さ
れる。また、こうして設定された好みの音量とその時計測された脳波 α
波の活性とは相関することが示された（図6-2、文献5、6）。

　これらの結果には、情動や感性に関わる脳の行動制御系、なかでもハ
イパーソニック・エフェクトによって活性化される報酬系神経回路が直
接間接に関与していることが推定される。すなわち、人間の心身が本来
要求している周波数成分を含むフルレンジ音は、それを取り除いたハイ
カット音よりも人間にとって親和性が高く、より選択されやすいという
解釈が可能になる。

　興味深いことに、正弦波やホワイトノイズのように時間的に定常な超
高周波ではこれらの効果は発現しない。楽器音や自然性の高い熱帯雨林
環境音などに含まれる、ミリ秒単位のミクロな時間領域で複雑に変化す
る非定常な超高周波が必要であることがわかった。また、高周波帯域の
なかでも基幹脳活性化効果をもつのは 40 kHz 以上、とくに効果が大き
いのは 80〜88 kHz という高い周波数帯域であり、16〜32 kHz の帯域成

分は基幹脳活性を低下させる作用をもつことも見出された（文献７）。

　このように、知覚限界を超える情報が基幹脳の活性を高め、それによってさまざまな複合的な効果が現れるハイパーソニック・エフェクトは、縦割りに専門分化した学問体制に合わせて問題にアプローチするのではなく、問題に合わせて学問体制を整え、専門を超えた研究体制を築きつつアプローチする、という姿勢によって発見された。音楽・情報・脳を架橋するアプローチは、このようにして、音楽研究、そして音研究に豊かな可能性を提供するものとなっている。

6.　ハイパーソニック・エフェクト発現メカニズムの検討

　これらの超高周波の効果は、どのようなメカニズムで発現しているのだろうか。まず検討の対象となったのは、超高周波の効果と聴覚系との関係だった。音響学領域において、超高周波の共存による音質の変化が、超高周波の存在そのものによるのではなく、実験装置系・空気伝搬系・聴覚系のいずれかにおいて高周波の存在が可聴周波数領域に発生させる非線形歪の影響ではないかという疑問が提起されたからである。

　この指摘に対して、音源信号を可聴域成分と超高周波成分とに分離し、それぞれ独立してスピーカー、イヤホンから再生して複数の評価指標で効果を検証する研究が行われた（文献８）。その結果、超高周波と可聴音の双方をスピーカーから呈示した場合には、これまでの報告どおり、［可聴音＋超高周波］の時に［可聴音のみ］の時に比べて脳波 α 波パワーや最適聴取音量が有意に増大し、ハイパーソニック・エフェクトが発現していることが確認された。しかし、双方をイヤホンから耳だけに呈示するという非線形歪が可聴域に発生しやすい条件では、効果は認められなかった。一方、可聴音をイヤホンから耳に、超高周波をスピーカーから体表面に呈示した場合には、［可聴音＋超高周波］の時に［可聴音のみ］の時と比較して強いハイパーソニック・エフェクトの発現が認められた。さらにこの条件下で、遮音材をもちいてスピーカーから呈示された超高周波の体表面への到達を遮ると、ハイパーソニック・エフェクトの発現は顕著に抑制された。これらの結果から、超高周波の共

存による非線形歪とハイパーソニック・エフェクトとは関連がないことが確認された。さらに、ハイパーソニック・エフェクト発現の条件として、聴覚系以外の身体表面に超高周波を呈示することが有効かつ必須であり、超高周波の主たる受容部位が体表面に存在することが強く示唆された。

　体表面にはマイスナー小体、パチニ小体などの振動センサーが存在することが知られているが、可聴域を上回る高周波に反応するものは見出されていない。一方、マウスの皮膚を高周波に暴露させると、角質層と顆粒層との間の層状体分泌物が有意に増加し皮膚の防御機能が高まることが報告されており（文献9）、超高周波に対する皮膚感受性の存在は否定できないといえよう。

　さらに、超高周波の効果発現の分子メカニズムが、低出力パルス超音波治療法開発に関連して解明されつつある。下川らは超音波治療の作用機序として、超音波の照射が血管内皮細胞の表面にあるカベオラ（直径50〜100 nm のフラスコ状の凹み）を伸縮させ、その立体構造の変化が細胞膜表面の機械刺激受容体（メカノレセプター）を刺激し、内皮型一酸化窒素合成酵素の発現および血管新生を誘導することを見出している（文献10、11）。同じような機能をもったメカノレセプターは皮膚の角質細胞にも存在することが知られている。また、こうしたメカノレセプターは、昆虫の聴覚系で空気振動を感知するメカニズムとして機能している。これらのことから、こうしたメカノレセプターがハイパーソニック・エフェクトの体表面受容に関わりをもっている可能性が強く示唆され、今後の研究の進展が期待されている。

🔵 研究課題

6-1　同じ楽曲が LP、CD、DVD オーディオ、ブルーレイディスク、ハ
イレゾリューション・オーディオなどで発売されている例を調べ、
その音を実際に聴き比べてみよう。

6-2　CD、DVD オーディオ、ブルーレイディスクなどの媒体のデジタ
ル音声規格が策定された経緯を調べ、どのような要因が規格策定に
おいて重視されたかを考察してみよう。

文献

1 ）　芸能山城組：輪廻交響楽、ビクターエンタテインメント、LP VIH-28257、
CD VICL-23091（1986）

2 ）　大橋力：音と文明―音の環境学ことはじめ―、岩波書店（2003）

3 ）　Oohashi T, Nishina E, Kawai N, Fuwamoto Y and Imai H：High Frequency
Sound Above the Audible Range Affects Brain Electric Activity and Sound
Perception, Audio Engineering Society 91st Convention（New York）Preprint
3207（1991）

4 ）　Oohashi T, Nishina E, Honda M, Yonekura Y, Fuwamoto Y, Kawai N, Mae-
kawa T, Nakamura S, Fukuyama H and Shibasaki H：Inaudible high-frequency
sounds affect brain activity, Hypersonic effect, Journal of Neurophysiology, 83
（2000）

5 ）　大橋力：ハイパーソニック・エフェクト、岩波書店（2017）

6 ）　Yagi R, Nishina E, Honda M and Oohashi T：Modulatory effect of inaudible
high-frequency sounds on human acoustic perception, Neuroscience Letters, Vol.
351（2003）

7 ）　Fukushima A, Yagi R, Kawai N, Honda M, Nishina E, Oohashi T：Frequencies
of inaudible high-frequency sounds differentially affect brain activity：positive
and negative hypersonic effects, PLOS ONE, 9, e95464（2014）

8 ）　Oohashi T, Kawai N, Nishina E, Honda M, Yagi R, Nakamura S, Morimoto M,
Maekawa T, Yonekura Y, Shibasaki H：The role of biological system other than

auditory air-conduction in the emergence of the hypersonic effect, Brain Re-
search, Vol. 1073-1074 (2006)

9) Denda M, Nakatani M : Acceleration of permeability barrier recovery by ex-
posure of skin to 10-30 khz sound, British Journal of Dermatology, 162(3) (2010)

10) Shindo T, Ito K, Ogata T, Hatanaka K, Kurosawa R, Eguchi K, Kagaya Y,
Hanawa K, Aizawa K, Shiroto T, Kasukabe S, Miyata S, Taki H, Hasegawa H,
Kanai H, Shimokawa H : Low-intensity pulsed ultrasound enhances angiogenesis
and ameliorates left ventricular dysfunction in a mouse model of acute myo-
cardial infarction, Arterioscler Thromb Vasc Biol, 36 (6) (2016)

11) Eguchi K, Shindo T, Ito K, Ogata T, Kurosawa R, Kagaya Y, Monma Y, Ichijyo,
S, Kasukabe S, Miyata S, Yoshikawa T, Yanai K, Taki H, Kanai H, Osumi N,
Shimokawa H : Whole-brain low-intensity pulsed ultrasound therapy markedly
improves cognitive dysfunctions in mouse models of dementia – Crucial roles of
endothelial nitric oxide synthase, Brain Stimulation, 11(5) (2018)

7 | 日本伝統音楽の超知覚構造

仁科エミ

　西欧近代の音楽の影響が強く及ぶ以前の日本では、音楽を構成する音そのものが独自の進化と成熟を遂げているといえる。本章では、いくつかの日本の伝統楽器を対象に、その演奏音の情報構造を精密に可視化し、その特徴について考察する。なかでも、人間の知覚では捉えられない物理構造に着目し、西洋の楽器との比較を通じて、日本の伝統音楽の基盤をなす音文化固有の表現戦略について考察する。

1. 尺八の響きの情報構造

　日本伝統音楽を代表する楽器のひとつに〈尺八〉がある。尺八は、古代中国に起源をもち、日本で独自の発達を遂げたノン・リード（振動して音源となる薄片であるリードをもたない）の竹製の管楽器である。尺八のなかで現在もっとも一般的に知られる〈普化尺八〉は、江戸時代を通じて禅宗の一派である普化宗の法器とされていたため、この名称がある。普化宗の僧侶である虚無僧が、天蓋と呼ばれる深い編笠で顔を隠した独特のいでたちで尺八を吹きつつ托鉢したことから、〈虚無僧尺八〉と呼ばれることもある。

　この尺八の響きを構成する物理振動を精密に可視化し、同じくノン・リードの管楽器を代表する西洋の楽器ベーム式フルートの響きと、第5章で紹介した最大エントロピースペクトルアレイ法で分析し、比較してみよう。図7-1は、フルートと尺八のいずれもソロによる演奏からそれぞれ1秒間の音を対象に、10ミリ秒（100分の1秒）ごとに1本のスペクトルを描き、手前から奥に向かう時間軸に沿って配列したものである。まず、フルートの音に含まれる周波数成分は、人間の知覚領域であ

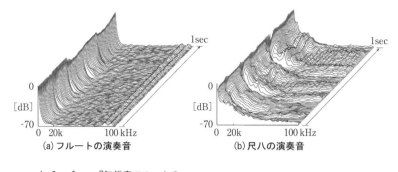

(a) フルートの演奏音　　　　(b) 尺八の演奏音

J. S. バッハ『無伴奏フルートの
ためのパルティータ』から
（演奏：有田正広）

根笹派錦風流『調・下り葉』から
（演奏：善養寺恵介）

図7-1　フルートと尺八の演奏音の情報構造

る20 kHz以下の帯域にほぼ限られている。それに対して、尺八の音には、人間の可聴域を大きく上回り時として100 kHzを超える超高周波成分が豊富に含まれている。次に、人間の知覚限界を超えたミクロな時間領域でのスペクトル構造の変化を観察してみよう。フルートの演奏音では、スペクトルの顕著な形状変化は音高の変化する箇所に限って観察され、他の部分では極めて高い定常性を保っている。これに対して、尺八の演奏音では、持続する音のあらゆる時点で、スペクトル全体がさまざまに姿を変えながらダイナミックな変化を見せており、人間の知覚限界を超えるミクロな時間領域での複雑なゆらぎ構造が認められる。

　尺八は、その演奏音の情報構造が、奏法により超知覚構造を含めて大きく変わるという特徴をもつ。尺八は、1本の竹筒の上端の一部を斜めに切り落として歌口（うたくち）とし、その切り口の斜面と管の内壁とがつくる鋭いエッジに息を吹きつけて空気振動、すなわち音を発生させる。この一見単純で安定性に欠けた仕組みによって、奏者の顎の角度や息の強弱などのわずかな変動で、尺八の音のスペクトルはたちまち大きく変化する。さらに、尺八の指孔（てあな）は時代とともに数が少なく、直径が大きくなり、おさえ方で音高や音色を変えることを可能にしている。尺八の名手は、こうした不安定な仕組みを逆手にとり、吹き方によって、音高や音色、音量を自在に変容させるという表現技術を駆使している。

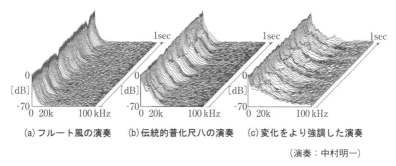

(a) フルート風の演奏　(b) 伝統的普化尺八の演奏　(c) 変化をより強調した演奏

（演奏：中村明一）

図 7 - 2　異なる奏法による尺八の演奏音の情報構造の比較

　同じ演奏者が、同じ尺八をもちいて、同じ楽曲を三つの異なる奏法で演奏したときの ME スペクトルアレイを比較した（図 7 - 2）。

　図 7 - 2（a）は、フルート風に尺八を演奏した場合の音のスペクトルの変化を示している。実際の演奏音はフルートそっくりで、目を閉じて聴いていると尺八で演奏しているとは思えないほどである。この図 7 - 2（a）のスペクトルは、図 7 - 1（a）のフルートのスペクトルと極めて高い類似性を示している。その音には、先のフルートの例と同様、20 kHz を超える超高周波成分はほとんど含まれず、知覚領域におけるマクロな変化に対して、知覚できないミクロな時間領域におけるスペクトルの変化は、ごくわずかである。

　図 7 - 2（b）は、伝統的な虚無僧尺八の奏法で演奏した場合のスペクトルである。可聴域を超え、50 kHz 近い超知覚領域にわたって複雑に変化するゆらぎ構造が現れており、この複雑なゆらぎ構造が、尺八の表現力の真髄となっていることがうかがわれる。

　図 7 - 2（c）は、同じ楽曲を、音の変化をさらに強調した演奏者独自の奏法で演奏した場合のスペクトルである。100 kHz に及ぶ凄まじいほど豊かな超高周波成分が生じると同時に、そのスペクトルがミクロな時間領域で劇的に変化し「波乱万丈のゆらぎ構造」を生成している。

　1 本の竹をもって、聴き手に驚異的な感動と衝撃を与える尺八の演奏音が、この「超高周波成分」と「ミクロな時間領域のゆらぎ構造」という超知覚領域において、意識で捉えることのできない情報世界を極めて

豊かに繰り広げていることが注目される。

2. 琵琶の響きの情報構造

　尺八と同じ文化的基盤で発達したと考えられる日本の伝統楽器のひとつに、〈琵琶〉がある。琵琶は、中国・韓国・日本のリュート型弦楽器の総称で、起源は西アジアといわれ、モンゴル、チベット、ヴェトナムにも同様の楽器が広く分布する。日本には、7～8世紀頃に渡来したといわれ、その系統はまず、雅楽用の〈楽琵琶〉と、仏教法会の伴奏にもちいられた〈盲僧琵琶〉との二つに分かれた。その後、鎌倉時代に〈平家琵琶〉、安土桃山時代から江戸時代にかけて〈薩摩琵琶〉、明治時代に〈筑前琵琶〉などが起こり、日本独自の琵琶の文化が形成されてきた。指もしくは撥で弦を弾くのが主要な奏法である。この琵琶の演奏音の情報構造を、尺八同様、超知覚構造にまで視野を拡げ、西洋の楽器と比較してみよう。

　江戸時代初期から幕末にかけて発達、成熟を遂げ、日本の琵琶の独自性がもっとも強調された薩摩琵琶と、琵琶と起源を同じくし類似の構造をもつ西洋のリュート型弦楽器を代表するルネッサンス・リュートの音の物理構造を比較したものが図7-3である。

　リュートの音の周波数成分は、人間の可聴域を超える 30～50 kHz 近

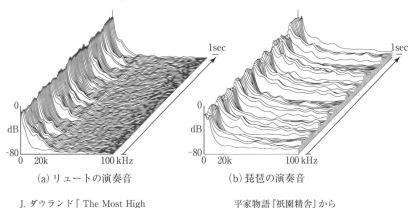

(a) リュートの演奏音 (b) 琵琶の演奏音

J. ダウランド『 The Most High
And Mightie Christianus 』から
（演奏：Matthew Wadsworth）

平家物語『祇園精舎』から
（演奏：半田淳子）

図7-3　リュートと琵琶の演奏音の情報構造

くまで分布していることがわかる（図 7 - 3 （a））。一方、薩摩琵琶の音には、それをはるかに上回り、100 kHz を大きく超えるほどの驚異的な超高周波成分が含まれている（図 7 - 3 （b））。

　ミクロな時間領域での変化を観察すると、リュート、薩摩琵琶とも、スペクトルの形状変化は明瞭に認められるものの、その程度は琵琶において著しい。また、可聴域上限を超える領域でのスペクトルの変化は、リュートではほとんど認められないのに対し、琵琶の音では極めて顕著である。こうしたミクロな時間領域での音の変化の生成に大きく関与しているのが、薩摩琵琶の上方にとりつけられている〈柱（ちゅう）〉と呼ばれるフレットである。柱はフレットとしてはかなりの高さがあり、その先端の〈サワリ〉が弦と触れ合うことによって、複雑微妙な余韻が生み出されている。琵琶の音も、人間の可聴域上限を超える超高周波成分と、ミクロな時間領域における複雑なゆらぎという超知覚構造を、高度に具えていることがわかる。

　その他の日本伝統楽器音にもそうした特徴をもつものが多く見られ、たとえば地歌で使われる三弦（三味線）の響きには 100 kHz を上回り複雑に変化する超高周波成分が含まれている（図 5 - 6）。

3.　日本伝統音楽の情報学的特徴

　楽譜に記せば極めて簡素な構造を示す尺八や琵琶のような日本伝統音楽の音が、非定常的な周波数構造の複雑な変化を、可知覚領域のみならず超可聴域にもわたって展開していたことは興味深い。このことを、〔音楽を感じる脳は変化を感じる脳である〕という知見（第 4 章参照）と、音の超知覚構造が感性脳を活性化し、美的感動を高めるという知見（第 6 章参照）に照らしたとき、日本伝統音楽の音は、人の感性脳をとりわけ効率的かつ高度に活性化させ、芸術的感興を高めるとともに、心身の状態を改善・向上に導きうることが推測される。

　次に、こうした音を生み出す楽器の発音機構や、その歴史的変遷に目を向けると、西洋の近代楽器は、複雑なキー装置を備えたベーム式フルートに典型的に見られるように、演奏者の息遣いや身体のゆらぎを発

音機構から切り離す方向に改造が進み、均質で安定した音の粒子を高速かつ重層的に繰り出すための複雑な機構を開発してきたといえる。

これに対して、日本の伝統楽器では、尺八の指孔の数が時代とともに減ってきたことが象徴するように、その構造を極力単純化し、発音の仕組みに、意図的な不安定性や、演奏者の即時的な調節に委ねる柔軟性を確保することで、楽器の奏者の息遣いや指遣い、身体のゆらぎがむしろ増幅されて、音に波乱万丈の変化を与える方向に発達してきたことが注目される。西欧近代音楽の発想では、しばしば「不安定」という負の性質として捉えられ、排除されてきたこれらの柔軟でダイナミックな性質を、日本伝統音楽では、むしろサウンドスペクトルの連続的な変容を高度に実現しうるものとして積極的に活用している。尺八の歌口や琵琶の柱の構造は、その発想の顕著な現れといえるだろう。

このように、演奏者の生命のゆらぎが、持続する音ひとつひとつの内部に、知覚を超える豊饒な情報世界を形づくるという表現戦略は、日本の伝統音楽に通底する発想であり、そこには、「一音成仏」の言葉のとおり、一吹き、一撥の音のなかに森羅万象を描き出そうとする日本伝統音楽の思想を見ることができる。

4. 『ノヴェンバー・ステップス』の衝撃

この日本伝統楽器の表現戦略を活用して大成功したのが、日本を代表する現代音楽作曲家・武満徹の作品、『ノヴェンバー・ステップス』といえる。この作品は、ニューヨークフィルハーモニー交響楽団創立 125 周年委嘱作品として、オーケストラと琵琶と尺八のために書き下ろされ、1967 年に鶴田錦史（琵琶）と横山勝也（尺八）のソロ、小澤征爾の指揮で同交響楽団によりニューヨークで初演され絶賛を博した。日本伝統音楽において琵琶と尺八とが共奏することはそれまでになく、この組み合わせは武満の独創である。当時の音楽評論に次のような一節がある。「……管弦楽（小澤征爾指揮・日フィル）も、この西洋風の媒体から、よく尺八、琵琶にあう音をひきだした点、さすが武満の鋭い感受性と発明力を思ったが、ハープ、打楽器のうけもつ鋭い音楽は琵琶に、弦

管の持続音は尺八に、その表現の強さにおいて、到底及ばず、このような音楽の媒体として数十人を動員する管弦楽の適性に疑問をもった。しかし日本独特の音楽の精髄を西洋に示すには、まことに優れた作品をえたといえよう」（作曲家別宮貞雄、朝日新聞 1968 年 6 月 8 日）。つまり、一管の尺八と一面の琵琶が、数十人からなるオーケストラを圧倒したと述べられている。作曲者である武満徹自身、このことに衝撃を受けたようで、著書『遠い呼び声の彼方へ』（文献 4 ）のなかで「邦楽器の音は、実際に演奏される時にこそこの上もなく自由であり（中略）創作の過程にあって、それは思考の論理を引き裂くまでにはげしく私を脅やかしつづけた（中略）一撥、一吹きの一音は論理を搬ぶ役割をなすためには、あまりに複雑 Complexity であり、それ自体ですでに完結している（中略）音は表現の一義性を失い、いっそう複雑に洗練されながら、朽ちた竹が鳴らす自然の音のように、無に等しくなって行くのだ（中略）私はそのうえに、新しく何をつけくわえることができるだろう？」と述べている。ここに日本伝統音楽の本質が捉えられているのではなかろうか。

　『ノヴェンバー・ステップス』の演奏音（文献 5 ）について、楽曲が佳境に入った時点のスペクトルを、最大エントロピースペクトルアレイ法で分析してみた。弦、木管、金管、ハープなどによる大規模な二重オーケストラが演奏している中盤の部分で、複雑な楽譜を反映して、スペクトルは複雑で変化に富んだ構造を見せている（図 7 - 4 上段）。

　しかし、名手の奏でる尺八の響きは、それが単純極まる音符からつくられた音であるにもかかわらず、オーケストラとは隔絶した複雑性をもっていることが描き出された。尺八には音の非定常性を高める奏法がいくつもあり、それらによって劇的なスペクトルの変容が生み出されている。琵琶も同様で、複雑な楽譜を数十人の二重オーケストラが演奏した音のスペクトルが変化が乏しく見えるほど、尺八や琵琶のスペクトルはまさに波乱万丈に変容している。そこには、整然とした幾何学的な規則性を見出すことはできず、かといってそれをランダムな不規則現象と見ることも決してできない（図 7 - 4 下段）。

　この音楽を、先に第 4 章で説明した情報生物学的な音楽概念にあらた

118

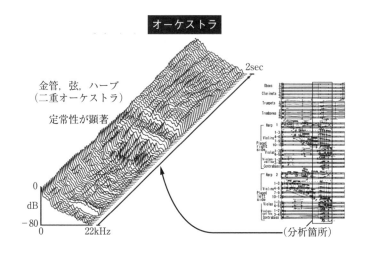

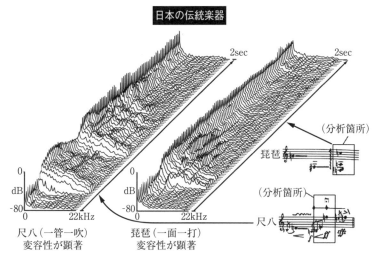

図7-4 『ノヴェンバー・ステップス』に見るオーケストラと日本伝統
楽器との対比

めて当てはめてみると、楽譜によって規定され主にオーケストラがつく
り出している変化が「マクロな時間領域では遺伝子と文化によりコード
化された特異的に持続する情報構造」であり、楽譜に記述できないミク
ロな時間領域で尺八や琵琶がつくり出している変化が「ミクロな時間領
域では連続して変容する非定常的な情報構造」といえる。この両者に

よって「脳の聴覚系および報酬系を活性化する効果をもった人工的な音のシステム」が音楽だとする定義は、文化の違いを問わず音楽の演奏の実態に実によく合っていることがわかる。同時に、この「ミクロな時間領域では連続して変容する非定常的な情報構造」は、感性情報の表現戦略の文化圏による違いを反映するものとしても興味深い。

🎸 研究課題

7-1 日本伝統音楽の楽器をひとつ取りあげ、その発祥と、その楽器が発達した文化的背景を調べてみよう。

7-2 日本伝統音楽の楽器について、時代の変遷にともなって発音機構がどのように変化してきたか、また、どのような奏法が開発されてきたかを調べてみよう。

7-3 日本の伝統音楽と、他の文化圏の伝統音楽とを比較し、日本固有の音文化の表現戦略とはどのようなものか、考察してみよう。

文献

1） 大橋力：音と文明―音の環境学ことはじめ―、岩波書店（2003）
2） 岸辺成雄編：音楽大事典、平凡社（1983）
3） 平野健次編：日本音楽大事典、平凡社（1989）
4） 武満徹：遠い呼び声の彼方へ、新潮社（1992）
5） 武満徹：ノヴェンバー・ステップス、PHILIPS、PHCP-1603（1991）

8 | 共同体を支える音楽

河合徳枝

「音楽の形式は、それを生み出した社会の構造を映し出す」といわれる。緊密な絆で結ばれた優れた伝統的共同体では、音楽が共同体を成立させる土台となっている場合が多い。第8章から第11章では、共同体の絆となっている音楽に、情報そして脳という切り口からアプローチする。本章では、共同体を支える音楽の多様な姿を紹介し、さらに共同体と音楽との間に互いに切り離せない一体性を築く仕組みの一端に触れる。

1. 狩猟採集民の音楽

（1）アフリカ熱帯雨林の狩猟採集民の音楽

人類が誕生したアフリカの熱帯雨林に、太古の昔から今日まで変わらぬ狩猟採集生活を営む人びとが棲んでいる。身長が成人男性でも140cm前後で、その小柄な体型から西欧ではピグミーと呼ばれていた。しかし、人類学では棲息地域、生活様式の細部やより詳細な遺伝的人種の違いなどに基づいて、ムブティ、アカ、バカ、トゥアなどといわれるグループに分けられる。

4300年くらい前、ナイル川の上流の「森の国」に背丈の小さな歌と踊りの天才たちが暮らしていることを、古代エジプトの王が知るところとなり、行政官に小さな神々たちの歌と踊りを鑑賞したいと要請が下された記録があるといわれる（文献1）。文明社会が彼らのライフスタイルとともにその音楽と踊りの天才ぶりをあらためて知ることになるのは、19世紀以降である。それ以後の多くの研究を通じてアフリカ熱帯雨林の狩猟採集民たちの生態を詳細に知れば知るほど、私たち現生人類は、その社会集団をあげて音楽と踊りを営むように創られた動物であ

り、それは人類の遺伝子に共通にプリセットされている行動のプログラムに基づくであろうことが否定できなくなる。

彼らの共同体は、〈バンド〉といわれる20〜30人くらいの集団が基礎単位になり、その単位ごとに森のなかで移動生活を営んでいる。移動経路はだいたい決まっていて、狩猟と採集によって居住の周辺に食料が減ってくると、次の拠点へ移動することを繰り返し、やがてまた同じ場所へ戻ってくるというサイクルをたどることが多い。循環型移住ともいうべきスタイルで、一巡してきたときに生態系は原状を回復しており、再び狩猟採集が可能になっている。こうした狩猟採集に基づく共同体は、 飢えるときは全員一緒に飢えるといわれるほど、究極の平等社会を実現している。

狩猟採集の人びとが、音楽や踊りを行わない日を探すのは極めて難しいという多くの報告がある。私自身も、アフリカ・カメルーンの熱帯雨林のバカの調査をした経験がある。そこで出逢った光景は「毎日食べて、寝て、唱い、踊る、そして時々狩りをする」というように、音楽と踊りはまさに生きることそのものであることが紛れもない事実だった。誰かひとりが何気なく出した声に、もうひとりが即座に反応してそれに合わせた声を発する。また誰かがそれらに反応し声が重なり合い、どんどん発展していく。まるでジャズの即興演奏のように、幾重にも声が重

アフリカ熱帯雨林の狩猟採集民のポリフォニー

パレストリーナ作曲の"アヴェ・レジナ・チェロルム"の一部

図8-1　アフリカ熱帯雨林の狩猟採集民のポリフォニーとパレストリーナの曲との比較

写真8-1　アフリカ・カメルーン熱帯雨林の狩猟採集民の音楽

なりつつ、複雑極まりない音の集積体ができていく。自然と体も動き出す（写真8-1）。

　その実体を五線譜に当てはめることには限界があるけれども、便宜的に楽譜にした例がある（図8-1）。アフリカ熱帯雨林の狩猟採集民の音楽は、中世合唱音楽の大家パレストリーナの〈対位法的ポリフォニー〉に近似し、ある面ではそれ以上の複雑高度なものになっているといえる。子どもから大人までのすべての構成員がアドリブとアレンジの名手であり、現代社会のプロの音楽家が脱帽するような音楽的能力を例外なくもっていることは、驚くべき事実といわなければならない。

（2）カラハリ砂漠の狩猟採集民の音楽

　アフリカには、もうひとつの狩猟採集民がよく知られる。カラハリ砂漠のわずかな林木地帯に棲むサン、俗に〈ブッシュマン〉といわれる人びとである。自然環境の大方が砂漠という環境で水と食物を求めて移動生活を営んでいる。先の熱帯雨林に比べて過酷な自然環境といえる。にもかかわらず、彼らはいくつかの家族が狩猟採集の条件に合わせて頻繁に離合集散する流動的共同体をつくり、持続性のある生活をのびのびと営んできた。多くの研究報告や映像の記録からわかるように、彼らの生活も熱帯雨林の狩猟採集民と同じく音楽と踊りが欠かせない。サンの音楽は、アフリカ狩猟採集民の音楽に広く見られる〈ヘミオーラ〉と呼ばれるリズムがとりわけ特徴的である。それは、2拍子と3拍子が同時進

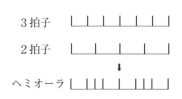

図8-2　ヘミオーラ

(c) PPS

写真8-2　アフリカ・カラハリ砂
漠の狩猟採集民の音楽

行して組み合わされたもので、不思議な快感を誘うノリのよいリズムである（図 8 - 2）。たとえば、ゲムスボックという大型の鹿類が狩猟によって射止められたとき、自然発生的に声や手拍子が発せられ、共同体全員による歌と踊りが始まる。〈16 ビート〉とヘミオーラのリズムにのって唱い踊るサンの人びとのなかには、陶酔と恍惚の境地に達して昏倒する人まで現れる（写真 8 - 2）。

　このような狩猟採集という現生人類の原点にあるライフスタイルを営む共同体の音楽は、そのあり方が共通している。すなわち、そうした社会集団では、音楽は、生きるために必須の水や食料を得ることと同じくらい、その生活のなかで大きな位置を占めている。そしてなにより注目されるのは、人類にとって音楽というものは、鑑賞するためのものではなく、本来自ら実践するものであったという実態である。

2.　アフリカの共同体の音楽

（1）コートジボワールの共同体の音楽

　アフリカのなかでも西アフリカの農耕民には、素晴らしい仮面芸能を伝承する共同体がとりわけ多い。仮面芸能団は共同体のなかに秘密結社を組織し、共同体の秩序や治安の維持に機能していること─文明社会の統治機構に対応する役割を果たしていること─でも知られている。その仮面の踊りには、音楽は切っても切り離せない。

写真 8 - 3　コートジボワールの音楽

　とくに、共同体における情報伝達の手段としても使われる〈タムタム〉という太鼓のアンサンブルは、仮面芸能のなかで踊り手にメッセージを伝えながら、数台がシステム化して複雑なリズムを紡ぎ出す（写真8-3）。〈バラフォン〉という瓢箪を共鳴体としてつけたアフリカ独特の大きな木琴や小型のパーカッション類やさらにラッパなどが加わったアンサンブルでも、音楽全体のシステムを制御するのはタムタムである。シグナル太鼓として遠隔通信のための生活用具でもあるタムタムは、素人ばかりの集団が段取りなしにその場で即興的に音楽を進行させても破綻しない制御機能をもっており、それが音楽に活気とスリルをもたらすようになっている。

（2）セネガルの共同体の音楽

　西アフリカのセネガルの音楽は、数々のアフリカ音楽のなかでも広く知られているもののひとつである（写真8-4）。それは、20世紀初頭からフランス領西アフリカの統治の中心がセネガルに置かれ、西欧に向かって早くから開かれていたことにも起因する。小さな国土にもかかわらず、20あまりの共同体の多様な音楽がいまだ存在している。

　そのなかの、大西洋沿岸に棲むセレール人の音楽を紹介する。セレール人は、漁労と貝の採集とともに農耕を営む共同体である。前述のコートジボワールと同様にタムタムを使った音楽に優れ、その神業のように複雑なリズムには圧倒される。しかし、そのリズム構造は、大小さまざ

写真8-4　セネガル・セレール人の音楽

まな太鼓が、個々にみると比較的単純なリズムでありながら、それらが組み合わされて複雑性をつくり出すものであるため、一人ひとりのテクニックは、普通の人びとがもち合わせている能力に少々磨きをかければ実現できる。狩猟採集民のポリフォニーや、のちに紹介するバリ島のケチャやガムランに共通して見られる、誰でもできる普通の技の組み合わせの妙を活かし、個人の技としては難しさを要求しない方法である。

　セレール人の共同体でも、音楽は人に聴かせるものではない。共同体の若者組が、広場で太鼓の音を出し始めると、遊んでいた子どもたちはもちろん、家事をしていた女性たちや仕事をしていた男性たちが続々と集まりあっという間にひとときの祭りの空間ができる。広場の真ん中には踊りの場ができ、そこでは、少年たちの踊り、青年たちの娯楽の格闘技を模した踊り、家事を担う女性たちの仕事踊りやおばあさんの踊りなどが次々と繰り出される。そこには、性別や年齢の階層性に基づいて構成された共同体のサブシステムを反映した表現が現れる場面も多い。また、弔いの儀礼や誕生の儀礼などにともなう音楽も実に多様に存在する。それらは、共同体の組織構成や生活態様と密接に結びついて極めて秩序だったものであることが注目される。

3.　ユーラシアの共同体の音楽

（1）アカの共同体の音楽

　東南アジアと中国南部一帯に棲むアカ、リス、カレン、モン、ヤオ、ミャオ、イ、ナシ、ラフ、ハニなどの山岳少数民族は60を優に超える。隣接していながら言葉や慣習・文化をそれぞれ異にする自己完結的な共同体が互いに入り交じって生存領域を棲み分け、平和に共存していることが知られている。それらの共同体を支える音楽が、それぞれの民族ごとに多様性に富んでいることは言うまでもない。そのうちのひとつであるアカの〈歌垣〉を紹介する（写真8-5）。

　歌垣とは、特定の日時に若い男女が集まり、相互に求愛の歌謡を掛け合う習俗である。歌垣は制度的な求婚の儀礼であり、それが音楽という形式をとっていることが、アジアのいくつもの共同体に共通して見られ

写真 8-5 アカの共同体の音楽

る。現代では主に中国南部からインドシナ半島北部の山岳地帯に分布しているほか、フィリピンやインドネシアなどでも類似の風習が見られる。古代日本の常陸の国筑波山においても、歌垣の風習が存在したことを『万葉集』などにうかがうことができ、興味深い。

　アカの男性と女性が即興の掛け合いで歌い合う歌垣は数時間、時には丸1日にわたって繰り広げられることもあったという。しかし、残念ながら山岳民族の多くの村々で歌垣の伝統が途絶えたところが増えている。

（2）サカルトベロの共同体の音楽

　カフカズ山脈の南麓、黒海とカスピ海に挟まれたジョージア国は、旧ソビエト連邦の一共和国であった。独自の言葉と文字をもち、母国語で自国をサカルトベロと呼んでいる（写真8-6）。その独特の文化のなかでも、鋼のような強い声を最大の特徴とした男性の多声合唱が、ひときわ際立っている。西欧のポリフォニーの源流ともいわれ、その圧倒的な声量とともに複雑なリズムや曲の構成、また〈十二平均律〉とは著しく異なる独特の音律に基づく神秘的なハーモニーや〈ドローン〉（通奏低音）などを駆使して他に類を見ない合唱音楽を築き上げ、2001年にユネスコによる第1回「人類の口承及び無形遺産の傑作の宣言」において、日本の能などとともにサカルトベロの多声合唱が選ばれている。ユネスコ無形文化遺産のリストにもっとも早く登録され、世界的に注目を

写真 8 - 6　サカルトベロの音楽

集める音楽のひとつである。

　長寿の歌や豊作の歌など膨大な曲目が伝承されており、主に宴会の席で唄われる。サカルトベロ独特の多声合唱の起源は 8 世紀にまでさかのぼるといわれる。それらは、生活のあらゆる場面に浸透しとりわけ祝宴や儀式は、それらなくして成立しないといってよい。伝統的合唱音楽はサカルトベロ共同体の支柱をなしている。また、サカルトベロは東西の文明が交差する要衝の地にあり、常に他民族の侵攻や迫害を受け民族存亡をかけた戦いの歴史が著しく長い。そのため、他民族が容易に習得することが難しい高度な合唱音楽を生み出し、民族の誇りを堅持しとりわけ男性の士気と結束を高めるためにも、その固有の合唱音楽が果たしてきた役割の重要性は計り知れない。

（3）バリ島共同体のケチャ

　インドネシア・バリ島に〈ケチャ〉という数百人規模で演じられる合唱舞踊劇がある（写真 8 - 7）。人類究極のパフォーマンスと称されるほど、ダイナミックでスペクタクルな演出により世界の人びとを魅了している。とりわけ、その男性合唱によるケチャの音楽は、人類の声の表現としてひとつの極致に達した独特のもので、一度聴いたらすぐに惹きつけられ、忘れられないものになってしまう。ケチャの音楽の源流は、サンヤンという呪術的習俗である。その起源は、ヒンドゥー教が伝搬する以前のバリ島の自然信仰・祖霊信仰の儀礼にさかのぼるといわれる。サ

写真 8-7　バリ島のケチャ

ンヤンは、地震、旱魃、飢饉、疫病などによる天災を払う儀礼として、バ
リ島の伝統的共同体の単位で執行されてきた。その儀礼のなかに、
〈Cak〉（チャッ）と呼ばれる男性のパルス状の声を組み合わせて魅力的
なリズムを紡ぐ音楽がある。

　1930年代、バリ島に定住していたドイツ人の画家であり音楽家の、
ウォルター・シュピースがバリ島共同体のもつ優れた文化を外国人に紹
介するために、ケチャの創作をバリ島の人びとに提案した。その提案
は、サンヤンの音楽要素であるチャッのリズム・パターンを活かし、イ
ンドの一大叙事詩「ラーマーヤナ」のストーリーと組み合わせて合唱舞
踊劇を創作することだった。これをきっかけに、ケチャが創作されバリ
島の多くの共同体で演じられるようになった。

　バリ島の芸能は、基本的に共同体ごとに継承され、祝祭や儀礼に奉納
される。ケチャは、20世紀になって、観光客向けの芸能として新しく
開発されたものである。しかし、当初から他の伝統芸能と同様に、〈バ
ンジャール〉と呼ばれる伝統的地域共同体のサブシステムを単位として
伝承されている。ケチャの音楽を担う男性の合唱隊は、100人から300
人ほどの規模で編成されるのが一般的で、ケチャを演じる合唱隊員は、
共同体の各家から成人男子が必ずひとり以上は参加しなければならない
原則などがある。このことからわかるように、ケチャが新開発の形式で
ありながら共同体を基盤に成立していることは疑いもない。そして、そ

の表現のシステム化と制御の仕組みには、共同体の結束を高める驚くべき叡智が秘められている。その詳細については、第10章で学ぶ。

（4）バリ島共同体のガムラン

　インドネシアのジャワ島やバリ島に伝わる〈ガムラン〉は、"青銅の交響楽"といわれるように、西欧のシンフォニー・オーケストラにも匹敵する地球上でもっとも大規模で複雑高度な青銅製の打楽器アンサンブルである。一言でガムランといっても、楽器の構造、編成、音階、演奏法、演奏目的などに対応して、多種多様の形式がある。バリ島に現在伝えられている形式だけでも、30種類を超える。

　ここでは、バリ島共同体の単位ごとに現在もっとも一般的に所有され、それら共同体ごとに催される祝祭・儀礼に不可欠のツールとして使用されている、〈ガムラン・ゴン・クビャール〉という形式を紹介する（写真8-8）。ゴン・クビャールという形式は、バリ島のガムラン楽器の開発史のなかで、もっとも最新鋭のものであり、いわゆるエスノ・ミュージックが国際社会で一般化してきた現在、商業音楽にも負けない人気を博している。ゴン・クビャールという名称の元になっているゴンとは楽器の名称で、大きなドラのような形状をもち、ガムランの骨格となる基音を発する重要な楽器を意味する。その音色は神の音といわれ、重厚かつ荘厳なものである。また、バリ島では、ガムラン全体のことを

写真8-8　バリ島のガムラン・ゴン・クビャール

単に〈ゴン〉と通称で呼ぶこともある。クビャールは、稲妻とか閃光などを意味する言葉である。こうしたガムラン・ゴン・クビャールは「炸裂するゴング」という異名をもつ。

全体で4オクターブをカバーする青銅製の鍵盤楽器の一群は、打楽器とは思えないほどの多彩な旋律と和音を、巧みな「組み合わせの技」で編み出し、〈クンダン〉と呼ばれる木製のくりぬき太鼓や〈チェンチェン〉と呼ばれるシンバル、各種のドラなどのリズム担当楽器の一群は、ロック・ミュージックにも負けない強烈な16ビートを紡ぎ出す。青銅の華やかできらびやかな音色と神技ともいえる素早くダイナミックなリズムに乗った旋律は、聴く者を圧倒的力で惹き込む音の万華鏡を繰り広げる。

ここでは、共同体を支える地球上の音楽について、ほんの一握りの例しか紹介できない。わずかな例であるけれども、次に、そこからうかがい知ることのできる共通する特徴というものに注目してみる。

4. 共同体を支える音楽の特徴

（1）インターメディア性の表現行動

伝統的共同体の知られざる音楽を横断的に発掘し調査研究した世界的な民族音楽学者、小泉文夫によれば、そもそも人類には純粋に音だけしか使わない芸術としての音楽というカテゴリーはなかったという。実際には諸民族の音楽は、祝祭や儀礼を構成する要素のひとつであり、かつ、表現情報としては、舞踊、演劇、造形美術などのさまざまな感性情報要素と一体化して切り離せない形で存在している。地球上を空間的にも時間的にも広く俯瞰すると、音以外の要素と完全に切り離された純粋な音楽というカテゴリーをもつ社会は、西欧近代社会を除くと非常に少ない。私たちの生きる高度専門化社会は、芸術表現を音楽、舞踊、演劇、美術などに細分化し、音楽であればさらに器楽と声楽に分け、それぞれの分野ごとに専門芸術家という限られた人がそれを取り扱っている。しかし、こうした現象は、私たちと同じ遺伝子をもつ現生人類の約20万年の歴史のなかで、たかだか200年くらい前からのことであり、

しかもいまだに地球上のごく一部の社会でしか見られない現象であることに注意が必要である。

　先に紹介してきたように、狩猟採集民では、ほとんどの場合、歌と踊りが不可分に一体化しており、祝祭儀礼の主たる要素であることはもちろん、日常生活における生存活動のひとつになっている。また、アフリカやアジアの伝統的共同体では、祝祭や儀礼を形成する要素のひとつとしての音楽の位置づけが鮮明であるとともに、舞踊、演劇、造形の要素と一体化して奉納されるインターメディア的（複合情報的）表現行動がもっとも自然で普通のあり方になっている。これは、人間の脳における感性情報処理の仕組みが、多次元同時並列処理を標準としていることから生物学的必然性と合理性とをもつといえよう。また、そうした表現をつくり出すシステムは、例外なく共同体の秩序や結束を高める仕組みを内在させている。

（2）村人の全員参加を可能にしながら表現力を高める〈ガムラン〉の仕組み

　ここでは、共同体の絆となる音楽の仕組みの一端を具体的にわかりやすく理解するために、共同体の音楽を代表するガムランを、それとは対照的な個人性に基づく専門家の音楽を代表するピアノと比較して述べる（文献2）。

①　非専門家の人びとが簡単な技で音楽の快感を発生させる仕組み

■叩いて演奏する楽器の構造

　ガムランとピアノは、「特定の音律に調律された音程をもつ金属を配列して高度に組織的に構築された発音源のシステムであること」、および、「それらの音源をさまざまな選択のもとに、ひとつずつ、または複数同時に叩いて音を出し、音楽を織りなしていること」において高い共通性をもっている。一方、音源をどのように叩いて音を出すか、それらをどのようにシステム化し複雑化するかという操作の面では、大きく隔たったところや対照的といえるほどに異なるところが少なくない。

　まず、「叩いて音を出す」ということに焦点を当ててみる。ピアノや

オルガンなどの操作部分となる〈鍵盤〉という装置は、長い歴史をもつ。古い時代に主流だったオルガンでは、もともとは親指以外の４本の指を使ってひとつの鍵盤を１本の指で下向けに押し込む操作を組み合わせて演奏した。この指を内側向けに折り曲げて鍵盤を押す動作は、霊長類の木の枝にぶら下がる動作が象徴するように、もともと物体を握ることを大きな役割としてきた霊長類の「手」本来の構造・機能を自然に活かした状態に近く、その点で生物学的な矛盾は少ないといえる。

　ピアノの前身となったチェンバロでは、鍵の先に立てた柱に取りつけたプレクトラム（鳥の羽根の軸などでつくられた爪）で金属弦を引っかけ弾いて音を出す。この動作も鍵盤を下に押すことでたやすく実現するため、この点に限っていえば、人間に生来具わった体の仕組みや働きとの間に大きな不調和を導くことはない。

　ところが、このチェンバロを母体にして開発されたピアノでは、事情が一変する。ひとりの演奏者が奏でる音を大勢の聴衆に届かせるため、倍音の発生を抑えつつ音量を増大させる必要が生じた。そのために、弦を太いスティールに換えそれをフェルト製のハンマーで叩く方式に改め、鍵盤とハンマーとを構造的に分離して、力学的リレー装置の慣性によってハンマーが弦を叩く仕組みをつくり出した。この新しい仕組みが、オルガンのように鍵盤を押し込むだけでは音が出ず、鍵盤を鋭く「トン」と叩いて初めて音が出る、という、ピアノ独特の機構を導いた。１本指を立てた手全体で叩けば至極たやすいこの動作が、速度と複雑性を増すために手を水平に保って５本の指を独立に動かすことになったとたんに、極めて難しいものになった。

　これを人体というハードウェアの面から見ると、たとえば親指は、人差し指とペアになって物をつかむように生まれつきつくられている。人差し指とあい対面したその配置と、関節の数がひとつ少なく他の指よりもずっと太いその構造とは、何物かをつかむという目的には最適であるものの、それを下向けに跳ねさせて「トン」と鍵盤を叩く、という動作に必ずしも適しているとはいえない。こうしたことから、叩くすなわち演奏するにあたって、なんらかの後天的な技能の習得が必要となり、あ

る水準の演奏を実現するには、かなり特別な訓練が必要になるのは当然
である。

　これに対して、ピアノと同じく調律された金属を叩いて音を出す楽
器、ガムランはどうであろう。ガムランの名称については、「たくさん
の楽器を合奏する」という意味があるとする説とともに、「叩く」とい
意味がある、とする説が唱えられている。そうした説になんの違和感も
覚えないほど、さまざまな形と大きさをもつ楽器群をひたすら叩いて響
きを交わし合うのが、ガムラン・アンサンブルの特徴である。

■ガムランの叩き方

　ゴン・クビャール形式を実例にして、楽器の構成と発音の仕組みを紹
介する。主旋律や装飾音を担当する〈青銅板配列楽器〉（ガンサ、ギエ
ンなど）は、右手（利き手）で木製のハンマーの柄を握って、ごく自然
に金属の振動板を叩く。単純に柄をつかむ場合と人差し指を伸ばし柄に
沿わせて握る場合とがあるが、どちらをとるかは弾く人の裁量による。
左手（利き手と反対の手）はもっぱら、振動板をつかんで音を停止する
〈ミュート〉の役割を担う。大型の〈吊り下げゴング〉は、マレット状
の撥の根元をつかみ、〈トロンポン〉や〈レヨン〉など〈平置き釜形ゴ
ング配列楽器〉は、棒状の撥を人差し指を伸ばした状態で握って、ゴン
グの突出部を叩く。台付きシンバル〈チェンチェン〉では、左右の手に
１枚ずつつかんだ小型シンバルを叩き、くりぬき太鼓〈クンダン〉は、
平手か、先端に木製の球状体をつけた撥で叩く（写真8-9）。

　これら全体を見渡すと、付加的管楽器スリンと弦楽器ルバブを別とし
て、ガムランとはまさに「たくさんの楽器を合わせて叩くもの」である
ことが納得できる。しかも、その際の叩く道具のもち方、動かし方は、
物体を「握って叩く」「つかんで叩く」という、もって生まれた体の構
造と機能そのものにぴったり一致したものである。この握りつかんで叩
くという動作は、「人類を含むたいていの霊長類に可能」といってよい
だろう。

■脳における指の神経機構

　ガムランとピアノとの鮮やかな対比として、ガムランではひとつの

写真8-9　ガムランの叩き方

　「手」が１個の音を発するのに対して、ピアノ（そしてチェンバロやオルガン）では、１本の「指」が１個の音を発音させ、ひとつの「手」では５個までの音を発音している。この基本的な違いを、発音の背後で働く脳の神経活動の仕組みから吟味してみる。

　体の動作をつかさどる大脳皮質は、筋肉の操作に当たる〈運動野〉と、内外の情報を受容しながら動作の監視に当たる〈感覚野〉とのペアで役割を果たしている。運動野と感覚野が、頭、手、胴体、足といった運動器官に整然と対応した状態で皮質の空間領域を分かち合っていることは、ワイルダー・ペンフィールドの歴史的業績によって広く知られている（図8-3）。人類は日常、手や指をもっとも複雑、高度に動かす。また、多様で繊細な表情や言語を発することからも、それを制御する運動野の領域は足などに比べて圧倒的に大きい。一方、手の動作に関わる皮質領域の内部で個々の指の運動をつかさどる神経がどうなっているかについては、サルの脳に電極を挿入して調べたマーク・シーバーら（文献３）の新しい研究によって、驚くべき知見が得られている。意外にも、指１本ずつの働きを担う領域は皮質内で分化せず互いに重なり合う、という運動野の他の部分とまったく違った構造をとっていた（図8-4）。続いて、人間の脳においても同様の構造が見られることが、ジェ

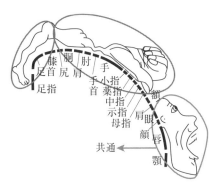

図 8 - 3　大脳皮質運動野の機能分布

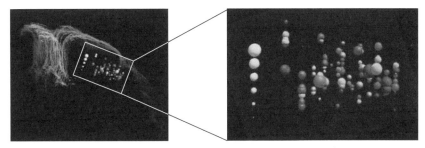

図 8 - 4　指の運動に関わる大脳皮質神経細胞の挙動

指を一本ずつ別々に動かしたときに、大脳皮質一次運動野のどの神経細胞がどの程度活動するかを球で示している。球の位置は神経細胞の皮質内の所在場所を、色の濃淡ではどの指の運動かを、直径は神経活動の強さを表している。左端の白い球の列は、神経活動の強さを示す。五本の指を動かす神経細胞は空間的にまとまって分化しているのではなく、手の運動をつかさどる皮質領域全体に拡がって混じり合い重なり合っている。それによって、手の指は一本ずつ独立してではなく五本が連携して有機的に動作する。(Used with permission of American Association for the Advancement of Science, from How Somatotopic Is the Motor Cortex Hand Area?, Marc H. Schieber, Lyndon S. Hibbard, Science 261（5120）,1993；permission conveyed through Copyright Clearance Center, Inc.)

ローム・セインズら（文献 4 ）により fMRI を使った実験で示された。

　 5 本指を操作する神経回路が渾然一体をなしているということは、運動を制御する神経体制が、指を 1 本ずつ独立した状態で動作させるよりも、複数の指を協調させ手全体としてまとまった動作—つかんだり摘んだり叩いたり—するのに適した設計のもとにあることを物語っている。

したがって、ガムランにおける握って叩く動作は、遺伝子と脳により設定された人類本来のもの、指を1本ずつ独立に動かすピアノの運指はそれと乖離したもの、ということになるだろう。この視点から音源を高度に統制された状態で叩く演奏動作を見るとき、ピアノは、人間本来の機能に対して大きな溝を埋めなければならない宿命を負っていることを否定できない。

　たとえば、5本の指を打鍵ごとのタッチに差が生じないよう均等に動作させる技術は、五指が互いに異なる固有の構造・機能へと進化し有機的に連携して動くように生まれついた仕組みを、指ごとの縦割りに分解するという本来性に対立した高度な適応的訓練を要求する。この場合、ハードウェアは改造困難であるから、ソフトウェアすなわち脳内の神経回路網の組み換えでこれに対処しなければならない。プロのピアニストを目指すとなると、ある水準を超える速度、強度、指の組み合わせ下でのタッチの均等化を実現することが必須となる。そこで、1日数時間の運指の練習を少なくとも数年間以上、しかも原則として毎日実行して神経ネットワークを組み換えていく。指ごとの差の均等化を必要条件としてクリアしつつ、一群の適応的動作の強化に努力しなければならない。さらに、自然本来の状態に還ろうとする「リバウンド」を避けるためには、望ましくは毎日、運指トレーニングを続けることも怠れない。これらが訓練されたプロとそうでないアマチュアとの間に技量の亀裂を発生させ、越えがたい断層にまで拡大させるゆえんである。

　ところが、ピアノでかくも膨大な時間とエネルギーを費やす発音の均等化は、まことに驚くべきことに、ガムラン演奏では当初から練習不要の状態で理想的に達成されている。なぜなら、ガムランの発音では常に、たったひとつの同じ手が使われるだけなので、ピアノのような「使う指の違いによる音の差」は原理的に発生する余地がないからである。言い換えれば、ガムランを弾く人はスタート地点ですでに、指ごとの打鍵差をゼロにまで克服したピアニストに等しい技術レベルにあることになる。しかも、日常訓練の有無を問わず、その状態がゆらぐこともない。ひとつのパートを構成する音の配列のすべてを、同じハードウェア

すなわち「手」とソフトウェアすなわち「神経回路の構成」によって生み出すガムランの技法と、同音が反復するのではない限り、常に異なるハードウェアすなわち「指」とソフトウェアすなわち「神経回路の構成」のリレーによって音を生み出さなければならないピアノの技法との差は絶大だろう。それは、単純な音階の上下から複雑なフレーズの形成に及ぶあらゆる発音操作で、単機能のプロフェッショナル・ピアニストに対する多機能のアマチュア・ガムラン奏者の対等性ないし優越性を導いている。村人の全員参加可能性を前提とするアマチュアグループに、特別過酷な訓練を必要とせずに超絶の名技を実現させるひとつの背景をここに見ることができる。

■ガムランの〈デ・チューニング〉技法

　演者の負担を増やすことなく演奏効果を向上させる工夫としては、さらに、ガムランのように音階をもつ鍵盤楽器類に見られる音響学的に興味深い一種の〈デ・チューニング〉技法が注目される。わずかに周波数の異なる二つの音を同期して同じ強さで発生させると、それらの周波数の差に相当する周期で音の強弱が生じる。その周波数の差の回数分の音の強弱のゆらぎが毎秒ごとに発生する現象を物理学ではうなりといい、よく知られている仕組みである。また、同時に鳴らしたわずかな周波数の差をもつ音は、それらが複雑な周波数構造をもつ場合、たとえば周波数スペクトルに現れるフォルマントというピークが時間的に多様な構造をもつ場合には、新たな音色も発生し聴覚上美しい響きとなることも知られている。これは、フランジ効果といわれ、ビートルズが初めてこの効果をレコーディングに使用し、その後レコーディングスタジオの製作現場でこの効果が活用されてきた。

　ガムラン文化圏の人びとは、これらの現象を経験的によく知り尽くし利用してきた。ガムランでは、音階をもつ鍵盤楽器を 2 台 1 組にしてつくる。このとき対になる楽器の間に、人類の聴覚では音高差をほとんど感じない 5 〜 8 Hz くらいの周波数の差を設定する。このデ・チューニングの採用によって、それら複数の楽器を同時に叩くとき、その音高の違いが〈差音〉すなわち 5 〜 8 Hz 程度の音のうなりを発生させ、響き

138

の魅力を増大させる。これはたとえば、西欧音楽で重要な技法として声楽家や弦楽器奏者などが何年かを費やして習得するあのヴィブラートと同じ効果が特別の技術や訓練の必要もなく、二つの楽器を同期して叩くだけで自動的に付加されてくることを意味する。ここにも、アマチュアの人びとがいっしょに叩けば簡単に快感につながる音世界を創出する仕組みが見てとれる。

② 個人間の能力格差を乗り越える仕組み

　バリ島のガムランのオーケストレーションの構造を西欧の五線譜上に近似的に描写してみると、ここにもさまざまな叡智を読み取ることができる（図8-5）。そのなかのひとつが、打鍵の時間密度が高度に階層化していることである。かなりの高速からごくゆっくりまで、楽器ごとに１フレーズのなかでの打鍵回数の差が大きく設定されている。実は、この構造は、共同体の構成員たちの間に当然、横たわっているであろう年齢差や技術上の個人差を積極的に活用する絶妙の仕掛けを可能にする。手の速い若者たちは、装飾的楽器の素早いパートを、第一級の名手はギエンという主旋律を担当する楽器を、円熟したベテランあるいは新人は

図8-5　ガムランのオーケストレーションの構造

同じく主旋律を補完するチャルンや、ジェゴガンというベースライン
を、そして打つ回数は少ないもののタイミングを逃さず度胸の要るゴン
グには経験を踏んだ老人を、といった組み合わせが可能だからである。
これを言い換えれば、バリ島の共同体に生まれ育った男子たちは、何び
とも、ガムラン・オーケストレーションのどこかのパートに、己のもつ
資質や活性との高度な適合状態を約束されている。このように、ガムラ
ンの楽器のシステムの階層構造は、一人ひとりの演奏技量の格差を事実
上解消し、全員参加型のアンサンブルを実現しているのである。

　ピアノはたったひとりで完成した音楽をつくることができるのに、ガ
ムランでは、ピアニストの１本の指に当たる働きをひとりの人間が担わ
なければならない。音楽の生産性という点からすると、ガムランは絶大
な効率の低さのなかにある。しかし、バリ島の音楽では、ひとりでもで
きるが大勢でも可能という場合、ためらいなく大勢での演奏形式が志向
されるらしい。むしろ、ひとりとか少人数では音楽としての効果がほと
んど、あるいはまったく発生せず、大規模にシステム化した時初めて、
一気に効果が発現する仕組みや、人数が増えれば増えるほど効果の高ま
る形式など、効率化に逆行するようなやり方が意識的に選択されている
かに見える。さらに、音楽を効率的に創造することを優先せず、演ずる
人びとを美と快の絆で結ぶことを優先するような仕組みをあえて選択し
ていることを否定できない。その背景には、音楽が共同体の全員参加に
基づいて演じられることにより初めて、共同体の快適性、平等性、安定
性、持続可能性を支える機能を発揮することを人びとが確信しており、
実際にその機能の有効性が高度に実現していることを物語っている。

　以上のように情報、脳という切り口からアプローチすると、音楽が共
同体を支える合理的な仕組みの一端が見えてくる。

🔲 研究課題

8-1　共同体の音楽を地球上できるだけ横断的に探索し、可能ならば録音メディアを通じて実際に試聴してみよう。音楽のみでなく、舞踊や劇がともなうものでもよい。形式の多様性も探索することが望ましい。

8-2　共同体と音楽との切り離せない仕組みを、本書にあげている例以外に、文献や映像資料などにより、具体的に研究してみよう。

文献

1）　市川光雄：森の狩猟民—ムブティ・ピグミーの生活、人文書院（1982）
2）　大橋力：近現代の限界を超える〈本来指向表現戦略〉、科学、Vol. 77、No.4（2007）
3）　M. H. Shieber & L. S. Hibbard：How Somatotopic Is the Motor Cortex Hand Area?, Science, Vol. 261（1993）
4）　J. N. Sanes et al.：Shared Neaural Substrates Controlling Hand Movements in Human Motor Cortex, Science, Vol. 268（1995）

9 │ 人類の遺伝子に約束された快感の情報

河合徳枝

　共同体の絆となってきた優れた音楽やそれと一体化している表現行動には、観る人の文化のなかに存在しない初めて触れる様式であるのに、人を強く感動させるものがある。その一方で、芸術の専門家が生み出したものでは、なんらかの学習や体験なしには美しさも感動ももたらさない場合がある。前者に属する感性情報は、人類に普遍的な遺伝情報に基づき脳に生まれつきセットされた快感のシグナルから構成された表現情報と考えることができる。そうした表現情報は互いに文化伝搬の形跡が認められないにもかかわらず地球上の共同体の間に共通して見出される。本章では、感性情報を受容する脳の仕組みに注目しながら、人類の遺伝子に約束された、学習を必要としない快感のシグナルと推定される表現情報の概念とその実例について学ぶ。

1. 快感を発生させる脳のメカニズム

（1）脳の階層性と快感の回路

　人間を含む高等哺乳類の脳には、「美」を含む「快」の情報によって活性化される〈快感の神経回路〉がある。その神経科学的な仕組みは、第3章で学んだ。それらの神経回路は、関与する神経伝達物質の系統的名称から、神経回路ごとにモノアミン神経系およびオピオイド神経系と呼ばれている。音楽のような聴覚情報や、舞踊、造形美術などの視覚情報を受容したとき、美しさや心地よさを感じ、陶酔や恍惚の境地を発生させるのは、視聴覚神経系そのものではなく、最終的には美と快の神経回路すなわち報酬系の働きによると考えられている。

　進化した脳をもつ人間の場合、脳の快感の回路を階層構造として捉えることができる。周知のとおり脳は、生物の進化の過程をたどるように階層化している。人間の行動を制御する脳機能の階層性についても、脳

142

構造の階層性に基づいて新しいモデルが提案されている（図9‐1、文献1）。

　脊椎動物の進化の歴史の始まりに脳が登場した段階で形づくられた、いわば脳の原点をなす〈脳幹〉と呼ばれる部位は、心臓の拍動や呼吸などのような生命維持に基本的に必須な働きをつかさどり、生命脳とも称される。それと同時に脳幹は、動物の自己保存・自己増殖のためのもっとも基礎的な行動の制御、たとえば食や排泄、そして性に関わる欲求の発生や行動の喚起、そしてその成就にともなう快感の享受などの〈情動〉をつかさどる。

　脳幹の上方を囲む大脳辺縁系は、脳幹の働きをより効果的に達成する方向へ増幅する。たとえば、喜怒哀楽といった気分を醸成し、脳幹の要求を自覚させて行動に拍車をかける。さらに、その気分を表情や音声のような視聴覚情報として環境に発信して他の動物に働きかけ、目的達成に有利な状況を導くなど〈感情〉の役割を担っている。

　魚類や両生類などは、以上のような仕組みを行動制御の大枠にしているように観察される。ところが、爬虫類、鳥類、哺乳類と進化するにしたがって、行動制御の仕組みは大きく変わってくる。情動や感情に直線的に支配された行動が成就しがたいことは、たとえば、狩りや求愛行動における「猪突猛進」の結末が教えるとおりである。そうした場合に、忍耐をともなう待ち伏せや迂回などの形で情動や感情に負のフィード

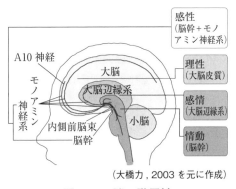

（大橋力，2003 を元に作成）

図9‐1　脳の階層性

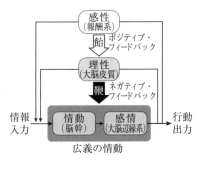

図9‐2　脳の行動制御機構

バックをかけ、それによって成功率を高めているのが、大脳皮質のなかでもとくに前頭前野を拠点とする〈理性〉の働きといえる。そこには、記憶や推論などを含む高次の脳機能が反映されている。

　ただし、この仕組みの主体は、あくまで脳幹の形成する〈情動〉であることに注意する必要がある。つまり、一般に誤解されやすい大脳皮質前頭前野などのいわゆる高次脳が主体なのではない。脳幹の要求を〈感情〉として自覚させ、環境へ発信させる大脳辺縁系、それを安全確実に実行させるための戦略戦術を〈理性〉として練る大脳皮質、というように、それぞれは脳幹の求めるものの実現を支援する仕組みであることに注意しなければならない（図９-２）。

　大橋によれば、発達した人間の脳には、理性の受けもつ論理的合理的思考の限界を超え、現実を構成する複雑高次の時空系に合わせて幅広く脳機能を開放し、直観や洞察を含む全脳的思考へと誘導して、『真善美』一体の境地に昇華させる働きがある。それは、大所高所からより優れた解を導き出すことによって、長期的大局的に、脳幹の望むところを実現に結びつける効果を発揮する。大橋のモデルでは、この階層を『感性』（注：英語では適切な訳語が見当たらず、Kansei が使われている）と呼んでいる（文献２）。

　感性を担う脳の部位としては、始源的な脳である脳幹と、そこから脳内各所に投射される内側前脳束を含むモノアミン神経系とで構成される快感の回路、〈報酬系〉が有力な候補になる。脳幹から高次脳に展開するモノアミン神経系を進化によって獲得した高等動物たちは、理性に制御をかけうる感性という名のより上位の脳機能をもつことによって、こころと行動とをより高い次元で結びつけ、美と快と感動の境地に昇華できるようにしたと考えられる。

　音楽という行動は、霊長類のなかでも人類のみに見られる行動であると同時に、音楽行動をまったく営まない人類社会を地球上に見出すことも難しい。人類に普遍的な音楽行動は、生存そのものに直接結びつかない。しかし、それは、長期的大局的には生存のための合目的性に結びつく。人類固有の高度な進化の賜物といえよう。

144

（2）快感の回路を活性化する情報と化学物質

　ところで、第2章、第3章で学んだ神経伝達の仕組みから、神経回路は外部からの電気刺激および薬剤や麻薬などの化学物質によっても、人工的に活性化させることができる。麻薬や覚醒剤などの薬物は、その作用はさまざまであるとはいえ、それらの化学的構造が、脳内で合成され快感の回路に働きかける神経伝達物質の構造とよく似た部分をもっていることから、〈分子認識〉の受け皿となる〈レセプター〉や〈トランスポーター〉などにニセの合鍵のようにはまり込んで作用を発揮する（図9-3）。たとえば、モルヒネは、脳内で合成され鎮痛、陶酔作用をもたらすオピオイドペプチドのひとつ、βエンドルフィンと化学構造の一部がよく似ていることからそのレセプターにはまり込む。また〈コカイン〉や〈アンフェタミン〉は、覚醒、興奮、意欲などを強化し快感をもたらすドーパミンとその化学構造が似ていることから、ドーパミン神経回路のトランスポーターにはまり、シナプス間隙におけるドーパミンの再取り込みを阻害したりすることでドーパミンの存在量を増大させ、その神経回路を強制的に賦活することが知られている。

　快感の回路に作用する化学物質は、さまざまなものがあることもすでに紹介されたとおりである。それらのなかには、伝統的共同体において、ある種の文化として長期にわたって適切かつかなり安全に使用されてきたものもある。世界中で広く使われているアルコール飲料やある種

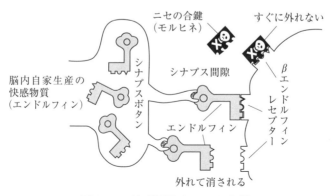

図9-3　快感回路のニセの合鍵

の伝統的鎮痛薬などはその例である。しかし、今日の文明社会における薬物の乱用は、暴力、犯罪の多発、深刻な依存症などの原因となり大きな社会問題となっていることは言うまでもない。

　当然のことながら、人間の脳の快感の神経回路は外部投与の薬物によって活性化するために進化してきたのではない。本来は、「情報」とくに生存値の向上に結びつく「嗅覚味覚触覚情報」や「視聴覚情報」によって活性化するようにつくられており、その活性化にあたって脳内で自家生産された神経伝達物質が働く。それでは、快感の回路を活性化する本来の感性情報とは、いったいどのようなものなのだろうか。

2. 感性情報受容の〈本来―適応モデル〉

（１）遺伝子の発現調節そして〈本来〉と〈適応〉

　快感の回路を活性化する視聴覚情報を検討するにあたって、人間の脳における情報の受容はもとより、あらゆる地球生命の諸々の環境に対する応答には、後に詳しく述べる〈本来〉と〈適応〉との二つの状態があるという基本原則に注意を向ける必要がある（文献３）。それは、人間の脳の働きを含む生命活動のすべてが遺伝子にプログラムされており、遺伝情報の発現状態がその遺伝子をもつ細胞の存在する環境によって大きく支配されるという生命科学的な基本原則に基づく。

　ヒトの細胞は、約 22000〜26000 個といわれる遺伝子をもつ。すべての遺伝子がいつも発現しているわけではなく、遺伝子の発現は基本的に調節されている。〈調節遺伝子〉には〈オペロン〉と呼ばれる一種のスイッチがついていて、それがオンになった状態では遺伝子が発現して働くが、オフだと遺伝子は発現しない。この遺伝子スイッチのオン・オフ機能は、遺伝子においてとても重要な役割を果たしている。

　まず、遺伝子には、生命体を構成する器官や体組織の〈分化をつかさどる遺伝子〉とそれら個々の細胞が日々生存するのに必要な働きをつかさどる〈ハウスキーピング遺伝子〉とがある。前者は、その働きで多種類の分化した細胞がつくられる。すべての体細胞が共通にもっている同じ遺伝子から多数に分化した細胞がつくられるのは、体の構築に関わる

生体のモード		本来	適応	自己解体
遺伝子の種類	発現スイッチの設定	フェーズ1	フェーズ2	フェーズ3
構成的発現遺伝子群	常にON	ON	ON	ON
調節的発現遺伝子群	初期設定ON 過剰時OFF	ON	OFF	逆制御
	初期設定OFF 欠乏時ON	OFF	ON	逆制御
環境構造		 種が進化的適応を遂げた本来の環境	 本来とある程度の差をもつ環境	 本来と極度に差のある環境
遺伝子活性の状態		 初期設定発現	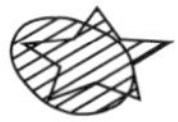 補完・節約性発現	 現状回復性発現
生体の活動		自然本能の生存	スイッチを入れて補完またはスイッチを切って節約	生体要素の環境への還元をともなう生命の終結

図9-4　遺伝子発現マトリクス

多くの遺伝子の発現状態を調節する仕組みが働いているからである。

　後者のハウスキーピング遺伝子は、その名のとおり、細胞という「家」を維持するために常に働き続けている遺伝子を指す。代表的なものとして、エネルギー生産に関わる酵素、糖・脂質・アミノ酸などの代謝に関わる酵素、核酸やタンパク質合成に関わる酵素などの遺伝子がある。ハウスキーピング遺伝子は二群に分けられ、一群の〈構成的発現遺伝子〉は常に働き続け、もう一群の〈調節的発現遺伝子〉は、生命の状態によって活性が切り替わる（図9-4）。

　こうした背景のうえに現れてくる〈本来〉とは、調節的発現遺伝子の活性発現スイッチのオン、オフが生まれつき初期設定されたままである状態をいう。それに対して、〈適応〉とは、スイッチの初期設定がオンであったならばそれが逆転してオフに切り替わり、生まれつきオフであったならばオンに切り替わった状態になることをいう。

　遺伝子スイッチのオン、オフの初期設定〈デフォルト状態〉は、原則として、その〈種〉が進化的適応を遂げた生態系のもつ環境条件、つま

り、遺伝子の鋳型になった〈本来の環境条件〉と、鍵と鍵穴のように
ぴったり合う仕組みになっている。したがって、そうした本来の環境条
件のなかで生存する場合、生命は、初期設定のままの遺伝子発現状態で
生存できる。

　ところが、生命を取り囲む環境条件が変動したり、生命が本来とは条
件の違う環境に進出すると、そこに初期設定とのズレが導かれ、遺伝子
活性との不一致が生じる。それは当然のことながら生存を脅かすので、
この不一致を解消するために、初期設定に合致している本来の環境条件
との差を、初期設定段階ではオフ状態にセットされていた遺伝子発現ス
イッチをオンにし、あるいは初期設定ではオンになっていたスイッチを
オフにして必要な新しい活性のセットを発現させる。こうして、環境と
の不適合を解消し、生存を図るのが適応の仕組みである。

　この場合、発現スイッチを入れる刺激としてのストレスを発生させる
こと、および遺伝子を活動させるためのコストを注入することが必要と
なり、さらに適応が軌道に乗るまでの間、環境不適合による生存上のリ
スクが高くなることを忍ばなければならない。

　このようなメカニズムから理解できるように、適応とは、もともと約
束された地である本来の環境から逸脱した生命が、いっときのピンチを
生き延びるために立ち上げる危機管理現象にほかならない。そのため
に、ストレス、コスト、リスクという三つのデメリットをあえて忍ぶこ
とになるわけで、本来の生存に比べて決して望ましい状態とはいえな
い。

　さらに、この仕組みは、どのようなピンチにでも通用するかという
と、そこには決定的な限界がある。なぜなら、ここに見られる適応とい
う現象は、もともと遺伝子のなかに書き込まれ、発現スイッチがオフの
状態にセットされていた危機管理用の遺伝子が新たにその活性を発現し
た現象にすぎない。したがって、最初から遺伝子のなかにプリセットと
して書き込まれていない活性を適応現象を通じて発現させることはでき
ない。すべての適応のプログラムのどれにスイッチを入れてもまだ環境
との不一致が解消できず生存が困難な場合、何が起こるだろうか。一転

148

して生命はその寿命を終結させる時のために遺伝子のなかに準備している〈自己解体プログラム〉を発現させて自分の生命を自ら終結に導くとともに、その体を、他の生命による再利用に適した要素に自分の力で分解してしまう。これが〈プログラムされた自己解体〉である（文献４）。以上により地球生命は、〈本来〉〈適応〉〈自己解体〉という三つのモードのいずれかをとることになる。

　なお、自己解体フェーズでは、遺伝子調節が「逆制御」というべき動作に転換する。遺伝子活性発現の原則は、不足したものを補充し余ったものを節約するように働き、生命を合理的に支える。ところが自己解体モードではこの合理的な仕組みが逆転して、余れば余るほどよりたくさんつくるとか、欠乏すればするほどますます生産を抑えてしまうというように、自滅行為ともいえる方向に向かう不可思議な現象が引き起こされる。実は、この仕組みが地球生命に普遍的に潜在している可能性を、否定できないのである。

（２）パターン認識の仕組みそして感性情報の本来型と適応型
　動物行動学から分子生物学にわたる研究を通じて、人類をはじめ動物の情報の認識は、入力された情報があらかじめ脳内にプリセットされたパターンに照合され、一致した場合に初めて〈認識〉が実現するという仕組み〈パターン認識〉に基づいていることが知られている。言い換えれば、人間は環境や対象をあるがままに視ているのではなく、あらかじめ脳のなかに準備されている「型紙」に合わせて読み取っているということを意味する。

　このパターン認識の仕組みと、先に述べた生命活動の本来—適応モデルから、快感を発生させる感性情報には本来型のパターンと適応型のパターンが存在することが推定される。さまざまな感性情報に触れるとき、初めての出逢いでも、脳に先天的にプログラムされた美と快のパターンに即一致する感性情報であれば、直ちに美しさや快さを覚えることができる（図９-５）。そうした感性情報が存在する一方、ある程度学習し、なじんで初めて美と快を感じるもの、さらにはいくら触れ合って

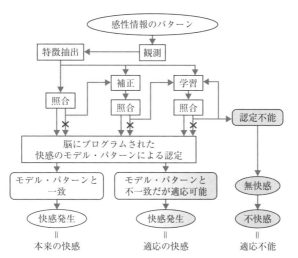

図9-5　感性情報のパターン認識と〈本来―適応モデル〉

　もまったく美や快を感じることがなく、強制されれば不快感を覚えるものさえある。これを〈本来―適応モデル〉でいえば、最初のものが遺伝子にプログラムされた〈本来の快感情報〉、次のものが学習や体験を必要とする〈適応（可能）の快感情報〉、そして最後のものが〈適応不能の情報〉として区別できるだろう。

　〈本来の快感〉を引き起こす情報とは、人類の遺伝子に普遍的に書き込まれ、万人が単に受容するだけでなんの努力もなく美しさ快さを自動的に感じとってしまうパターンにほかならない。それは、地域、民族、文化とその伝搬などに関係なく、全人類に共通に享受されうる普遍性を本質とする情報である。

　では、果たしてそのようなものが実在するだろうか。

3. 学習が不要な本来性の快感誘起情報

（1）人類共通の快感誘起情報

　学習という適応努力なしで本来性の快感を誘起する情報は、アジアやアフリカの伝統的社会集団が、祝祭や儀礼のなかで長期にわたって淘汰を重ねて築き上げ、今日まで営々と伝承してきた表現のなかに存在する

可能性が高い。また、商業音楽や商業的パフォーマンスの世界では、理屈抜きに快感を誘起する魅力あるものしか生き残れないため、本来性の快感情報の密度は高いだろう。さらにさまざまな社会集団において、文化の伝搬に関係なく地域、民族、歴史を超えて横断的に共通して見られる情報要素であれば、それらは本来性の快感誘起情報の候補となりうるだろう。ここで、それらしきものを抽出してみる。

① 聴覚情報の候補

学習が不要で快感を誘起する聴覚情報の要素としては、16 ビートのリズム、低周波衝撃音、超高周波音、そして非定常持続音が地球上のさまざまな音楽に共通して見出される（表9‒1）。

表9‒1　快感を誘起する聴覚情報の要素

16 ビートのリズム
低周波衝撃音
超高周波音
非定常持続音

■16 ビートと低周波衝撃音

16 ビートと低周波衝撃音の身近な例としては、ディスコの音楽がある。強力に快感を誘起することは周知の事実であろう。特に 16 ビートのリズム・パターンは、商業音楽の歴史では、1970 年代の登場後、4 ビート、8 ビートなど過去のすべてのリズム・パターンを駆逐し、いわば究極のビートとなっている。16 ビートをしのぐ新しいビートは今のところ商業音楽界でも開発に成功していない。一方、商業音楽が生み出した最新のビートであるはずのこの 16 ビートが、アフリカの狩猟採集民や農耕民のほとんどすべてに、そしてバリ島の伝統的音楽の基本ビートとして、古くから使われてきたという事実がある。さらに、日本の伝統音楽、たとえば岩手県の〈鹿踊〉の太鼓や早池峰神楽の囃子、秩父屋台囃子、また能楽の〈大ノリ〉なども 16 ビートといえる。これらのことから、16 ビートは本来型快感誘起情報パターンのひとつの典型である可能性が濃厚といえる。

　また、低周波衝撃音は、ノリのよい伝統音楽や商業音楽の打楽器類および世界中の祭りのなかの太鼓の音に、ほとんど例外なく含まれている要素である。リズミカルなビートのなかに現れる大太鼓などの体をゆさぶる低周波衝撃音が快感を発生させることは、誰もが経験していることだろう。

■可聴域を超える超高周波音

　高複雑性超高周波成分を含む音〈ハイパーソニック・サウンド〉は、第6章でその詳細が述べられているように、人間の脳にハイパーソニック・エフェクトという効果をもたらす。それによって間脳、中脳などが構成する脳の基幹部が活性化して美と快の感覚を発生・増強させる。それは、知覚できず意識では捉えられない生理的効果であるがゆえに、文化の違いや個人的な音楽の好みの違いには左右されず、それらに関係なくすべての人びとに普遍的にその効果を導く。このことは、ハイパーソニック・サウンドが本来性の高い快感誘起情報要素であることを示している。確かに、快感誘起力の強い共同体の音楽が、しばしば超高周波成分を豊富に含む周波数構造をもつことが、多くの実測によって検証されている。

■非定常持続音

　聴覚生理学者の勝木保次は、たとえばイヌであっても、複雑な構造をもった音楽を聴くときの方が、実験用の単純な合成音を聴くときに比べて、大脳皮質聴覚野の応答がずっと盛大かつ複雑になることを観察している（文献5）。また、第4章で述べられているとおり、人間の聴覚情報受容の仕組みの面からも、脳は変化する音に高度に応答することが知られている。すなわち、人間の聴覚神経では、おおむね下丘から始まり内側膝状体あたりから本格化していく音の変化だけに応答する神経細胞が存在する。さらに上位の脳領域では定常的な音に対する反応は極めて微弱なものになる一方、音の変化に対する反応がより盛んになる。つまり、周波数スペクトルの複雑で非定常な変化が、より進化した人類の高次脳を刺激し、音楽の魅力を高めるものと考えられる。

　第7章で、日本の邦楽の音にミクロな時間領域でのスペクトルのゆら

ぎが豊富に含まれることが述べられた。また、日本だけでなく人気の高いバリ島のガムランをはじめ、ブルガリアの民族合唱や密教の声明などの陶酔性の高い音楽のなかにも非定常な持続音が豊富に含まれており、響きが玄妙な味わいをもつ音楽の多くに共通して見られる現象といえる。この非定常持続音はミクロな時間領域のゆらぎを含む現象であり、それらは人間の知覚限界を超えている。このように超高周波音と同じく知覚できないにもかかわらず、音楽の構造のなかに人間が好んで積極的に取り入れてきた非定常持続音は、それが本来性の快感誘起情報要素のひとつであることを示唆している。

② 視覚情報の候補

視覚情報において、共同体の祝祭儀礼などを彩ってきた学習が不要な快感誘起情報要素としては、強い色彩のコントラスト、原色の使用、金銀・鏡などの反射性の高い素材の使用、人工的な照明、誇張された造形、仮装、仮面などがあげられる（表9-2）。

さらに、こうした情報要素を高度に造形化した、より次元の高いパターンのなかに、本来型の快感誘起パターンとみなされているものが見出される。その注目すべき例が、動物行動学でいう"威嚇"の表情パターンに該当するものである。

表9-2　快感を誘起する視覚情報の要素

強い色彩のコントラスト
原色の使用
金属色の使用
反射性素材の使用
人工的な照明
誇張された造形
仮装
仮面

4. 霊長類の遺伝子にプリセットされた快感のシグナル〈威嚇〉

（1）〈威嚇のパターン快感誘起仮説〉

　前項で指摘したように、学習が不要な本来性の快感誘起情報要素というものが、人類社会に横断的に確かに実在する。しかし、それらを本来の快感の情報、すなわち人類の遺伝子にプログラムされ、人類の脳の快感の回路を普遍的に活性化する情報としてどのように識別できるのだろうか。ここで、遺伝子にプリセットされた本来の快感誘起性情報として、〈威嚇〉というパターンが極めて有力な候補であることを実証的に示した注目すべき研究を紹介する。それは、大橋による〈威嚇のパターン快感誘起仮説〉で、威嚇が霊長類の遺伝子にプリセットされた快感のシグナルになっている可能性が極めて高いという発見に基づく（文献6）。

　威嚇のパターンは、動物行動学者コンラート・ローレンツによって、「対抗する動物間において、双方ともに、攻撃衝動と逃走衝動とが拮抗してどちらの行動もとれない時の行動パターン」として見出された（文献7）。なわばりや順位を争う儀式的闘争の際に現れ、威嚇し合うだけで流血なしに決着をつける生存戦略として注目されるものである。大橋は、動物行動学者、ニールス・ボルウィグが定義した霊長類の威嚇の表情筋のパターン（文献8）とバリ島の祝祭・儀礼で多用される魔女ランダの仮面の表情筋のパターンが酷似していることを見出した（図9-6）。また、ランダ同様に祝祭・儀礼で活躍するバロンと呼ばれる一連の獅子舞の系譜でその獅子頭としてつくられるいろいろな動物の仮面が、ことごとく威嚇の造型を施されていることを指摘した（写真9-1）。バロン面では、モデルとなった動物が、牛のような草食獣や鳥であってさえも、まるで虎や狼のように、元来あるはずもない牙をむいた威嚇の表情にデフォルメされている。モデルとする動物がなんであれ、祝祭儀礼空間に威嚇のパターンを導入することによって、演出効果が顕著に高められ快感を誘起することに貢献していることが一目瞭然である。

　さらにバリ島では、踊り手の表情に、威嚇のパターンが意識的に頻繁

154

顔の筋肉に現れる威嚇のパ　　ランダ面(バリ島)
ターン

図9-6　威嚇の表情パターンと仮面の表情

バロン・ケット(獅子のバロン)　　バロン・バンカル(猪のバロン)

バロン・ガジャ(象のバロン)　　バロン・ルンブ(牛のバロン)

写真9-1　さまざまなバロン面

写真9-2　男性舞踊の踊り手の表情　　写真9-3　女性舞踊の踊り手の表情

に使われ、表現の最大の武器のひとつになっている。バリスという代表的男性舞踊では、眼をむきほほをつり上げた典型的威嚇の表情が舞踊のほとんどの時間を通じて使われ続ける（写真9‐2）。戦士の踊りである男性舞踊バリスは、それ自体が威嚇的性格をもっているのでその必然性を理解できる。しかしバリ島では、優美を競う女性舞踊でも、威嚇の表情パターンがことさら必要ないと思われるところにまで意識的に多用される（写真9‐3）。これは、威嚇の表現を好んで取りあげない限り起こりにくい。こうした事実から「威嚇のパターンの視覚像が脳の快感の神経回路を活性化する」という威嚇パターン快感誘起説が提唱された。

（2）祝祭仮面は〈威嚇〉に収斂する

　大橋の仮説が正しければ、祝祭・儀礼で快感の回路を活性化させる情報の強力な発信を期待される仮面や仮装の製作において、より威嚇性の鮮明な造型ほど尊重される反面、それに欠けるものは淘汰されやすくなるに違いない。こうして、モデルになった動物の造作が強烈な威嚇指向ベクトルの作用を受けて大胆にデフォルメされ、それが繰り返されるうちに現状の姿に進化したであろうと考えられる。

　大橋は、バリ島と遠く離れた日本の祝祭・儀礼で活躍する獅子舞の頭も、バリ島のバロン面たちとそっくりな威嚇のパターンへの進化を示していることを指摘した（写真9‐4）。バリ島の獅子舞と日本の獅子舞との遠い源流は、同一である可能性が高い。しかし、古い昔それが南北に

獅子舞の仮面　　　　　　　　　　　鹿踊の仮面

写真9‐4　日本のさまざまな仮面

(© PPS)

写真9-5　アフリカの仮面　　　　写真9-6　能面

分岐した後は、ほとんど文化接触はありえなかったはずであり、それにもかかわらず同じ傾向が共通して見られるということは、威嚇のパターンが普遍的本来的な快感のシグナルとして、すなわち、文化や伝承に優先し超越するものとして人類の遺伝子にしっかりと刻み込まれ、それが発現していることを想定させるとしている。

　さらに、アフリカの仮面、日本の能面や日本各地に伝わる鬼面などがことごとく威嚇のパターンに収斂している様は、偶然というにはあまりにも共通性の高い現象といえないだろうか（写真9-5、9-6）。威嚇パターン快感誘起説の支持材料は、枚挙にいとまがないようである。

（3）怖いもの見たさの源流

　大橋の研究とは互いに関係なく独立して行われたにもかかわらず、大橋の理論に科学的かつ決定的な根拠を提供する動物行動学者ジーン・サケットの研究がある（文献9）。生まれたてのサルの子どもにレバーを押して好きな写真を選ばせる実験から、たいへん興味深い結果が得られた。実験で子ザルに与えたいろいろな写真のなかから、生まれたての子ザルは、雄ザルの威嚇の写真をもっともよく選ぶ（図9-7）。やがて2.5か月ほどで「ものごころ」がついて怖さがわかるといったん、それを避けるようになり選択の頻度が著しく低下する。しかし、すぐにそれ以上の嗜好性が発現し、恐怖による負のバイアスをはねのけて再び頻度が最上位へと急上昇する。

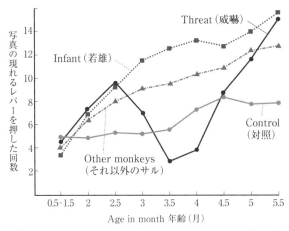

図9−7　子ザルの写真選び（文献9から改図）

　これぞまさに「怖いもの見たさ」の源流にほかならない。サケットの実験によって、感性情報のなかから遺伝子にプリセットされた威嚇という本来の快感誘起情報を高等動物が識別し応答していることが実証的に示された。こうした先天的すなわち遺伝子にプログラムされた〈本来〉の快感の仕組みが、人類になる以前の霊長類の段階から、脳にプリセットされていたことが示唆され、大橋の仮説の強力な支持材料になっている。以上のように、人類の脳における情報処理の仕組みと遺伝情報の発現に関わる本来―適応モデルから感性情報にアプローチすると、人間が受容する感性情報として遺伝子にプログラムされた本来の快感誘起シグナルが存在する可能性は否定できない。このような考え方に立つことにより、快感誘起シグナルとして有力な視聴覚情報の候補を見出すことができる。それらは、共同体の絆となってきた祝祭や儀礼のなかに高い密度で見出される。とりわけ、共同体の祝祭儀礼のなかで欠くべからざる音楽は、人と人との間に緊密な絆を築き上げる重要な役割を担うものであり、本来の快感誘起シグナルとして有力な聴覚情報の要素をふんだんに含んでいる。音楽のなかにそうした快感誘起シグナルを埋め込むさま

ざまな工夫や技は、社会を組織化し制御するために祝祭・儀礼を発達させてきた伝統的共同体において、究極の高みに達している場合が少なくない。それらは、共同体の生存性の向上に強い実効性をともなって貢献している。その表現様式には、それぞれの社会構造が映し出されており、興味は尽きない。第10章では、そのような共同体の音楽のもつ快感創出の技法とそれが共同体の自己組織化に機能する仕組みを具体的に見ることにする。

🎸 研究課題

9-1　学習を必要としない快感を誘起する感性情報が、文化伝搬の形跡が認められないにもかかわらず、地球上の社会に共通して見出されるのはなぜか、脳の感性情報処理のメカニズムを踏まえて整理してみよう。

9-2　遺伝子の発現調節のモードによって、感性情報の受容のモードに〈本来〉と〈適応〉という二つの状態がある。この感性情報受容のモデルを簡潔に整理してみよう。

9-3　人類共通の快感誘起感性情報を三つ以上あげて説明してみよう。

文献

1, 2, 3）　大橋力：音と文明―音の環境学ことはじめ―、岩波書店（2003）
4）　T. Oohashi et al.：An Effective Hierarchical Model for the Biomolecular Covalent Bond: An Approach Integrating Artificial Chemistry and an Actual Terrestrial Life System, Artificial Life, Vol. 15, No. 1 (2009)
5）　勝木保次：聴覚生理学への道、紀伊國屋書店（1967）
6）　T. Oohashi：in 'MASKEN', Schibri Verlag (2004)
7）　K. ローレンツ著、日高敏隆、久保和彦訳：攻撃、みすず書房（1985）
8）　N. Bolwig：Facial Musculature Pattern of threat, Behaviour, Vol. 22, No. 3/4 (1964)
9）　G. P. Sackett：Monkeys Reared in Isolation with Pictures as Visual Input：Evidence for an Innate Releasing Mechanism, Science, Vol. 154 (1966)

10 │ 音楽による共同体の自己組織化

河合徳枝

　人類をはじめ高等動物の行動は、脳の報酬系および懲罰系神経回路の働きによって制御されている。とりわけ、感性情報が働きかけ快感を発生させる脳の報酬系は、動物の行動を強く誘発誘導する。こうした神経回路の働きを活かし、共同体構成員の自律的行動を促してその自己組織化を実現させる叡智を、バリ島共同体の音楽を主題にして学ぶ。

1. 脳の報酬系と懲罰系による行動制御

（1）行動のレーダーとして働く報酬系と懲罰系

　美と快の情報によって活性化する神経回路が、人類の脳に具わっている意義とは何だろうか。

　第3章で詳しく述べられているように、美・快・感動を含む広義の快感は、なんらかの行動に対する報酬として脳に発生する感覚である。この場合の報酬とは、脳をもつあらゆる動物において食や性といった生理的欲求が満たされたときの報酬から、人類における感性情報の創出・享受、自己実現、利他行動など高次の思考・行動が実現したときの報酬に至るまで広い範囲に及ぶ。そして、それらに関与する神経組織を総称して〈報酬系〉という。一方、不快や痛みは脳に発生する懲罰ないし警告を意味し、それらに関わる神経系は、〈懲罰系〉と呼ばれる。

　報酬系および懲罰系の神経回路は、動物が、生存のために有効であるように、行動を制御するレーダーとして進化的に獲得され発達してきたと考えられる（図10-1）。すなわち、動物は快の感覚をレーダーにし、本来の生存領域に近づくほど、報酬としての快感がより大きくなるようにセットされていて、動物が遺伝子に決められた〈本来〉の生存のスタ

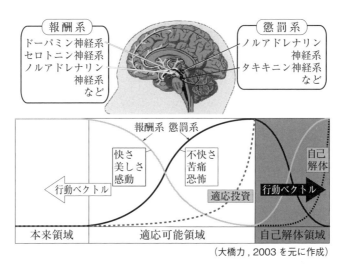

（大橋力, 2003 を元に作成）

図 10 - 1　脳の報酬系と懲罰系による行動制御

イルに好んで近づくように行動を促す。言うまでもなく、本来領域にお
ける生存が、動物にとってもっとも有利だからである。懲罰系は、本来
領域から逸脱し〈適応〉の度合いが高まるほど不快や苦痛の感覚を増
し、本来領域から外れていることを警告してそれを回避するように動物
の行動を誘導する。なお、それ以上に生存に不適合で適応が不可能な状
態に達すると、〈自己解体モード〉に転じる。この場合、報酬系と懲罰
系、すなわち快と不快との位相が逆転して自己解体を加速する状態に
陥ってしまうことは第9章でも述べたとおりである。

　〈本来と適応〉という観点から見れば、報酬系と懲罰系はこのように、
動物の行動を本来領域内に維持させ、適応のストレス・コスト・リスク
を回避して安全で快適な生存を実現させる重要なレーダーといえる。そ
れは、生命の生存そのものに直接関わる報酬でなくとも、たとえば人間
の高度に精神的な報酬であっても、大所高所から見てそれが生存のため
になんらかの積極的な意味をもつと考えてよい。

（2）報酬系主導か懲罰系主導か

　懲罰系は、脳をもつ動物が生存に不適合な環境や外敵、危険物などに

出逢った際に、怒り、恐怖、不安、苦痛といった広義の不快感を発生させ、それらを回避する行動を起こさせる。懲罰系の制御作用は、生存に不都合な要因からより強く離れようとする回避行動の誘起であり、負の制御作用である。それに対して報酬系のそれは、その発生要因により強く近づこうとする接近行動であり、正の制御作用といえる。

　ここでどちらの制御作用を利用して行動を制御し、生存を維持するかという問題が出てくる。図 10 - 1 のように報酬系と懲罰系は同時並列的に機能する関係にあり、両者のバランスにより行動制御が成り立っている。さまざまな動物の自己刺激実験を見ると、懲罰系よりも報酬系がより強く行動の制御を支配する可能性を否定できない（文献 1 ）。ところが、人間のように、報酬情報や懲罰情報を人工的、意図的に創造することができる場合、社会集団の構成員の行動を制御するために報酬系と懲罰系のどちらを主導的に活用するかの違いが生じる。

　ある社会集団が、構成員の行動のレーダーを報酬系主導に設定しているかあるいは懲罰系主導にしているかを見分けるうえで、その集団の音楽のあり方が有効な指標になりうる。共同体の構成員全員参加で実行される快感誘起力の強い音楽が、生活に欠くべからざるものとしてその共同体で育まれ長期にわたって機能している場合、その共同体は報酬系の主導下に社会を営む集団である可能性が高い。その代表的事例として、バリ島伝統的共同体のガムランとケチャを取りあげ、それらの音楽の快感発生の仕組みとその自己組織化の効果について具体的に見てみる。

2.　報酬系主導の自己組織化

　バリ島では、共同体の構成員全員参加で執行する祝祭儀礼を拠点として快感情報が強力に発信され、その参加者に報酬として働きかける。それに誘導されて共同体の人びとは自律的に祝祭儀礼に結集し組織化する（図 10 - 2 ）。報酬は行動の強化作用をともなう。そうした背景から、感性情報の快感誘起力が大きいほど、共同体の自己組織化の効果は大きくなるものと期待される。これに関連して、共同体の生み出す音楽が、第 9 章で述べた学習や体験を必要としない〈本来性の快感誘起情報〉をど

図10-2　報酬系主導の自己組織化

れだけ強力に造成し発信できるかということも、共同体の自己組織化の
首尾に関わってくる。

　バリ島のガムランやケチャの音楽では、共同体の構成員が緊密で巧妙
なシステムを組むことにより快感情報を造成する。そこには、個人プレ
イでは決して生まれず、共同体の人びとが結束し同期して演奏すること
で初めて強力な快感情報が生まれるメカニズムが巧妙に設定されてい
る。ガムランとケチャの音楽から生まれる快感はとりわけ強力で、その
報酬に引き寄せられて、共同体の構成員が自律的に自己組織化する効果
は卓越したものとなっている。

3. ガムランの自己組織化の仕組み

（1）ガムランという表現手段の特徴
① 快感誘起性視覚情報との相互作用
　バリ島では、ガムランというと舞踊を含んだ表現を意味していること
が一般的である。本講義では舞踊には触れないが、ガムランは基本的
に、音楽と舞踊が一体化して演じられることが多い（写真10-1）。第
９章で一例として、ガムランの舞踊に多用されている威嚇の表情につい
て紹介した。ガムランの舞踊では、その所作、表情、装束などに、威嚇
のシグナルと同様に快感誘起力の強い本来性の視覚情報要素が戦略的に
展開されていることが注目される。ガムランの音楽は、そうした視覚情

写真 10 - 1　ガムランの音楽と踊り

報と相まって、なんらの学習も予備知識もなく初めて体験する人びとを
一瞬にして釘付けにする。

②　旋律をもった 16 ビートを生み出す青銅製楽器群

　ガムラン音楽では、第 9 章で紹介した〈本来性の快感誘起情報要素〉
のほとんどすべてを絶妙な仕組みによってつくり出している。まず、遺
伝子にプリセットされた究極のリズムといわれる 16 ビートがある。

　16 ビートは、すでに触れたようにたいへん複雑でノリのよいリズム
で、商業音楽のなかでも比較的最近に開発された最新鋭のリズムパター
ンである。それを個人の演奏によって紡ぎ出すことは、ドラムセットの
ような特別な装置と両手両足を駆使した高度なテクニックによって、初
めて実現できる。したがって誰もが簡単にできるわけではなく、専門的
な訓練が必要になる。のちに詳しく述べるように、ここで注目されるの
は、バリ島のガムラン音楽では、個人芸としては至難の技である 16
ビートのリズムを、複数の人間によるコンビネーションプレイによって
素人がいとも簡単に紡ぎ出しているという事実である。

　しかし、16 ビートといえどもリズムだけが繰り返されるだけでは単
調にすぎ、やがて飽きてしまう。そこで、ガムラン楽器群では、リズム
を紡ぎ出すだけの打楽器類に加えて、旋律を紡ぎ出せる鍵盤を備えると
同時に打楽器の機能をも具えた楽器群がその大半を占め、4 オクターブ
もの音域をカバーしている（写真 10 - 2）。リズムをつくり出すのは容

写真 10-2　ガムランの楽器

易だが旋律はつくり出しにくい楽器、またはその逆、といった楽器ごと
の限界を多くの人間のコンビネーションプレイで克服し、複雑多様な旋
律をもつ 16 ビートを紡ぎ出すことを可能にしている。

③　多様な低周波衝撃音

　ガムランは、低周波衝撃音の面でも豊かさと多様性をもつアンサンブ
ルといえる。主に〈ゴング〉や〈クンプール〉といった単音のドラや、
木製のくり抜き太鼓〈クンダン〉により、低周波衝撃音を発生させてい
る。特にゴングは、青銅製の鋳造物として世界でもまれにみる巨大さを
誇る。巨大ゴングが発する低周波衝撃音は、「神の音」とバリ島の人び
とが称するとおり、神々しく荘厳な響きで、祝祭儀礼の場を別世界に変
容させる。

　また、くり抜き太鼓〈クンダン〉は、音高の違う 2 台が 1 組になって
おり、〈コテカン〉と同様の入れ子奏法によって演奏される。太鼓の両
面を両手を使って叩く。その打法は、複雑さを極めている。手のひらや
指の先を多様に使い分けるとともに、片方の皮を抑えたり開放したりす
ることで音色や音程を変化させる。また、太鼓のふちを叩いたり、撥を
使用することを含め、ほとんど可能な限りのあらゆる技巧を駆使する。
こうしたさまざまな打法を組み合わせることで、たった 2 台の太鼓にも
かかわらず、そのリズム、音高、音色に驚くべき多様性が生まれる。ほ
とんどが金属打楽器であるガムラン・アンサンブルにおいて、味わいの
ある木製打楽器の音色は、存在感も大きく音楽的興趣を高めている。な

お、とくに重要な役割として、この木製打楽器クンダンが、音楽的効果
を発信しながら実は、太鼓の音を制御信号としてアンサンブル全体の指
揮をとる。演奏の速度、強弱、曲想などを音情報にコード化し、そのう
えにクンダン奏者の身体から発信する所作という視覚情報や気配情報ま
でも動員して制御し、人びとの自己組織化を先導する役割を担っている。

④　**豊富な非定常持続音**

　ガムランでは、第5章で紹介した最大エントロピースペクトルアレイ
法によって分析したスペクトルのゆらぎが示すとおり、音符で表すこと
ができない1秒以下の時間領域での音構造の変容が極めて複雑で変化に
富んでいる（図10-3）。同じ楽譜でガムランと同じ音楽を奏でたピア
ノとそのスペクトルの変化を比較すると、ガムランでは、100分の1秒
の短い時間尺度で、音のスペクトルが常に変化している。それに対し
て、たとえばピアノのスペクトルは、音符が変わった打鍵の時点でのみ
スペクトルが変化しており、それ以外ではほとんど定常的で変化がない
ことがわかる。

　またガムランでは、超高周波音の増強の仕組みと同じく、このミクロ
な時間領域の非定常なゆらぎ成分についても、2台1組の楽器を合わせ
て演奏すること、さらに多様な楽器を重層化させて合わせることによっ
て、空中で起こる複雑なモジュレーション効果を利用して増強させてい
る（図10-4）。ここにも、共同体の人びとが、システムを組んで一体
化し同期して演奏することによって初めて快感情報が造成される仕組み

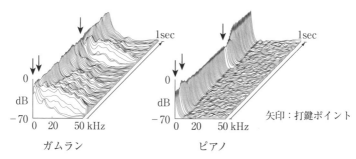

図10-3　ガムランとピアノのミクロなゆらぎ成分の比較

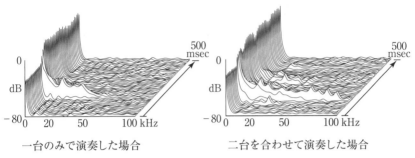

一台のみで演奏した場合　　　　二台を合わせて演奏した場合

図 10-4　ガムランの二台の楽器が同期して増幅するミクロなゆらぎ成分

を見ることができる。

⑤　最強の超高周波音

　音源のもつ振動特性を巧妙に活用する叡智としておそらく究極であろうと思われるひとつに、ガムラン音楽が脳に及ぼす作用として発見された現象〈ハイパーソニック・エフェクト〉がある。この詳細については、第6章で述べているので参照されたい。

　その概要をガムランについて述べる。数十個の青銅製発音体を共同体構成員が総掛かりで一斉に叩いて発生させるガムランの周波数スペクトルは、その強大な音同士のモジュレーション効果で、人類に音として知覚できる周波数上限である 20 kHz の 4 倍の 80 kHz 以上に及ぶことが通例で、銘器の誉れ高いアンサンブルでは、周波数の瞬間値が 150 kHz を優に超えるものさえある（図 10-5）。この知覚できない強大な高周波数成分の存在が、中脳、間脳視床および視床下部を含む〈基幹脳〉を、統計的有意性をもって顕著に活性化する。ここで活性化する部位は、詳しく見ると、中脳を拠点に帯状回や前頭前野に展開する神経ネットワークである。それらは、まさに美しさ快さをつかさどっている脳の〈報酬系〉にほかならない。また、間脳視床下部は、自律神経系や内分泌系の最高中枢であり、超高周波音によって〈生体制御系〉も活性化され、心身に強いポジティブな効果を及ぼす。そして、こうした報酬系および生体制御系にもたらされる効果は、多くの村人が一心同体となった名演のなかで初めて発現するものである。共同体を基盤とした音楽がも

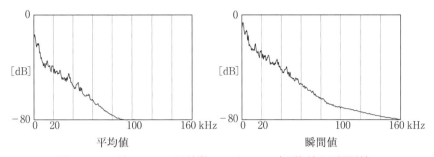

図 10-5　ガムランの周波数スペクトル（平均値と瞬間値）

たらす至福の体験が、共同体の人々を自己組織化に導く力は計り知れない。

　また、ハイパーソニック・エフェクトによって活性化している部位の多くは、カナダの音楽脳の研究者ロバート・ザトーレらが、個人の嗜好の差や状況のもたらす変動を巧みに相殺する実験から見出した「好きな音楽に身震いするほど感動しているときに活性化する脳の部位」とよく一致していることもすでに第3章で紹介されたとおりである。

　バリ島においてさまざまなガムラン・アンサンブルを対象にその周波数成分を調べてみると、銘器といわれるガムランの響きほど、知覚や意識で捉えられない超高周波成分が豊富で、美しさ快さをより強く感じさせ感動を高めるという事実がある。それをみると、バリ島の人びとは、この超高周波の効果を直観的経験的に熟知していたとしか考えられない。そして、この効果の最大の享受者こそ、振動源である楽器に密接した演者それ自体にほかならない。それは、村人たちを音楽によって組織化する絆として、絶大な効果を発揮している。

（2）二人三脚の妙技で**快感誘起性情報をつくり自己組織化を実現**

①　超速演奏で「変化を感じる音楽脳」を刺激し報酬系の活性を高める

　第4章で述べているように、音楽を感じる脳は、音の変化に反応して快感を発生させる。すなわち、ピッチからサウンド・スペクトルに及ぶ音楽情報の物理構造が複雑な秩序をもって多様に変化するほど、脳の生

168

み出す快感が高まる。この面からすると、声や尺八のような〈持続性音源〉は、一度出した音を引き延ばしつつ、その構造にヴィブラートやメリスマのような音高音量の変化から倍音構造の変化に及ぶ響きの変容を導くことができる点で有利である。一方、ピアノやガムランのような金属性の打楽器は、この点では極端に不利な立場に置かれることになる。なぜなら、一度叩いて出した音は、後から高さも響きも変更できず、そのままの音が鳴り続けるしかないからである。そこで、こうした楽器を使って唯一、有効な音構造の変化を導くとすれば、それは音を次から次へと切り替えていって変化をつくり、脳への情報入力の時間密度をより高めるしかない。これを実現しようとすれば、できるだけ高い頻度で音のユニットを時間軸上に送り出していく、すなわち「速く弾く」、ということになる。つまり、脳の仕組みや働きからすると、ピアノやガムランのような有鍵盤金属打楽器では、速く弾くことが快感造成のための本質的な表現戦略に通じるのである（文献２）。

　実際、近代ピアノの成立以来現在まで、ピアノの名手たちのもつ普遍的な属性の最大のひとつが、もちろん正確であることを前提にした「速弾き」である。超速の演奏を実現しやすいピアノ曲として、フレデリッ

表10-1　ピアノとガムランとの1秒間の打鍵数

楽器	演奏者/演奏グループ	曲名	作曲・編曲者	1秒あたりの打鍵数(回)
ピアノ	リヒテル	エチュード Op.10-4	ショパン	14.857
ガムラン	テジャクラ	タルナジャヤ	バリ伝統曲	13.458
ピアノ	バレル	エチュード Op.10-4	ショパン	13.448
ピアノ	シフラ	エチュード Op.10-4	ショパン	13.333
ガムラン	ヤマサリ	タルナジャヤ	バリ伝統曲	13.043
ガムラン	ヤマサリ	ウジャンマス	ヘンドラワン編	12.973
ピアノ	ガブリロフ	エチュード Op.10-4	ショパン	12.893
ピアノ	シフラ	超絶技巧練習曲	リスト	12.857
ガムラン	ヤマサリ	スガラムンチャル	ヘンドラワン	12.727
ピアノ	リヒテル	エチュード Op.10-4	ショパン	12.581
ガムラン	ダルマ・サンティ	グスリ	ブラタ	12.387
ガムラン	ティルタサリ	スカールジュブン	ヘンドラワン編	12.308

ク・F・ショパンの作曲による〈エチュード Op10、No.4〉は典型的な
もので、名手たちの最速を競う録音が少なくない。トップクラスの演奏
を対象にそうした曲の最速部分について 1 秒あたりの打鍵数を計測した
データによると、世界の名ピアニストたちは軒並みに 1 秒間に 12 回以
上も打鍵している（表 10 - 1）。

　このレベルに達すると、音高の変化はほとんど持続性音源を使った連
続した旋律と同じように聴こえてくる。それは、声楽や弦楽のヴィブ
ラートが実現している 1 秒あたり 6 ～ 8 回の音の変化を十分に上回る変
化速度をもち、しかもヴィブラートのような単調な繰り返しではない音
の流れである。こうした名手たちの超速演奏が、聴く人の音楽への応答
に大きく関わる聴覚系の高次脳の活性化に絶大に貢献しているであろう
ことは体験的にも頷けるところである。

**②　16 ビートと超速を二人三脚で実現しその快感で人と人を一体化す
る究極の技法〈コテカン〉**

　ここで、速く演奏するということについて、再びピアノと比較しなが
らガムラン独特の技法を紹介する。ガムランを鳴らすための「叩く」と
いう動作は、ピアノの打鍵に必要な運指操作に比べると霊長類の体に
とってはるかに自然で合理的であることは、第 8 章で述べた。とはい
え、脳の報酬系をより刺激して音楽の快感誘起効果を高めようと叩く速
度を速くしていく過程で生理的限界に行く手を阻まれる点では、ピアノ
もガムランも異なるものではない。この限界をどう超えるかの戦略にお
いて、ピアノとガムランとは極めて対照的な道をたどる。

　ピアノの戦略は、力任せの直接的な作戦といえる。まず、速く弾けそ
うな資質をもつ人材を選択する。たとえば、スビャトスラフ・リヒテル
の手が、十二度（オクターブプラス四度）をカバーするとか、シモン・
バレルの指が異常に速く動くといった、人間離れした「資質」が吟味さ
れる。次に特別な強化訓練を反復して徹底的な適応志向による超速演奏
を実現する。

　一方、ガムランの戦略は、共同体の人間の平均的な能力を大前提と
し、システム化の妙味により個人の限界を乗り越えようとする知的で巧

図 10 - 6　ガムランの旋律をもった 16 ビートのリズムとコテカン（入れ子）奏法

妙なものになっている。打鍵速度が限界に達した時、バリ島の人びと
は、西欧芸術音楽のように人を選び異常な訓練に励んで「限界を突破す
る」ことを指向しない。代わりにバリ島の人びとが磨き上げたのは、
〈コテカン〉（kotekan）という「二人三脚」の〈入れ子〉方式でシステ
ム効果を活かす技法である。

　その秘密はまず、16 ビートで構成されポリフォニックなオーケスト
レーションをもち、超高速で奏でられる極めて高度な演奏ラインをいっ
たん分解して、〈ポロス〉（polos）と〈サンシ〉（sangsih）という弾き
やすい二つのモジュールに再構成するところにある。次に、それらを同
期演奏することによって、多くの部分を二人が交互に打鍵する〈入れ
子〉に織り上げる戦術である（図 10 - 6）。この方式によって、普通の
人間の限界の 2 倍近い打鍵速度をもつ 16 ビートの快感のシグナルを、
超人的な資質も過酷な訓練もなしに実現している。

　ピアノの名手たちの録音で調べたのと同じ方法で、バリ島のガムラン
の名技の録音について計測すると、ピアノの名手に匹敵する 1 秒間に
12 回以上という究極的打鍵に達したものが数多く抽出された（表 10 -
1）。12 打／秒という条件をクリアした演奏は、12 件中、ピアノが 6 件、
ガムランが 6 件でまさに伯仲していた。ガムランの演奏者たちは、ピア
ノの世界的演奏者たちに比べれば無名にも等しいグループである。注目
すべきは、バリ島のグループのうち、〈ダルマ・サンティ〉だけは国立
芸術大学のアンサンブルだが、より高速を示した他の三つのグループは
ともに、農民を中心とする共同体のごく普通の人たちが集まった、現地

語で〈スク〉と呼ばれるアマチュア同好会である。

　この作戦を成功に導く人材は、サイボーグ化した「超人」ではない。同質の人材がめったに存在しないそうした特別な活性は、「二人三脚」のコテカンにはむしろ不適である。この戦術に適合するのは何より、粒がそろって協調性が高く、バランスのとれた「普通」の人たち、ということになる。そうした人材なら、バリ島の村に限りなく存在する。ここに見られる表現戦略は、第 8 章で述べたとおり、共同体のすべての構成員を対象として誰もが演奏に参加することを基本とし、過酷な訓練を必要とせず、村人一人ひとりの身丈に合った演奏しやすいモジュールを組み合わせることにより、プロの名手をしのぐ強力な快感を造成するというものである。

　演奏ラインを二つに分解し、二人三脚の入れ子奏法で弾きこなしてしまうコテカンの技法のさらに隠された工夫として、分解されたモジュールはいずれも、素人でも練習を積めばすらすら弾けるように、たいへん合理的に「弾きやすく」つくられている。たとえば、素早い連打では同一または隣接した鍵盤を叩くとか、互いの呼吸を一致させる機能をもったショットを随所に散りばめる。それは、ペアをなす演者同士の間に快適な同期を実現し、そのシナジー効果によって稲妻のような 16 ビートが生み出され技量対効果比が飛躍的に増幅されて、陶酔感はいやがうえにも高まる。そのなかで、演者たちの意識も感覚も「超絶の名手」のそれに近いものに変容していく。世界のトップクラスのプレイヤーたちに匹敵する超速の技を己の実力で演じているかのごとき境地に導くだろう。こうして形成される「こころの絆」は、究極のものとなる。「ゾクゾクするような最高の快感」はあくまでも演者それ自体のもので、聴衆がそこまでを味わうことは原理的に不可能といえる。

4.　ケチャを構成する類ない自己組織化の仕組み

（1）ケチャとは何か
①　インターメディア性と集団性
　ケチャとは、第 8 章でも紹介したように、インターメディア性が高く

音楽、舞踊、美術、演劇、儀式の要素がガムランにもまして渾然一体と
なった複合的パフォーマンスである。

　とりわけその表現の醍醐味は、かがり火を中心に車座の隊列を組んだ
合唱隊が、16ビートのリズムを刻みながら音楽情報を発信すると同時
に、主に上半身を使ってシステム的・集団的な舞踊的所作を一糸乱れず
行うスペクタクルな演出にある。ケチャでは、特別な資質をもたず特別
な訓練もなしに人間の標準的運動機能のレベルで、もっとも器用に自在
に動かすことのできる手や腕を表現の最大の武器として駆使している。
車座になった数百人の男性の両手両腕が、かがり火を中心にしてゆらめ
き光と影の世界を演出して、観る人を神秘的陶酔の境地に誘う。また、
黒光りした半裸の男性の鍛えられた背中をオブジェとして使った集団的
身体表現は、場面ごとに舞台装置や舞台美術の機能も果たす。この身体
によるダイナミックな集団的演出は、先端技術を使った現代舞台芸術の
大仕掛けの舞台演出を思わせる（写真10-3）。空間移動がもっとも容
易な人間の体と声という表現ツールを最大限に活かしながら、ひとつひ
とつは単純で簡単な表現モジュールを巧妙に組み合わせシステム化さ
せ、個人でそれを実現しようとすると超人的な技巧を必要とするレベル
の快感情報を発信する。

　このように、ケチャは、ガムラン以上にインターメディア性と集団性
がより強調されるものとなっており、システムの要素の大部分が、音楽

写真10-3　ケチャの集団的演出

的表現、舞踊的表現ならびに造型美術的表現を兼ねている。さらに、快感誘起性視覚情報および聴覚情報を集団の技を駆使して一体的かつ変幻自在に構成し、圧倒的迫力で迫ってくる。

　車座の体制にある演者たちは、全方位かつ至近距離からこれらインターメディア性快感情報を互いに発信し合い受容し合う体制をとっている。このことから必然的に、演者自身がそれらの感性情報の最大の享受者となる。

②　ケチャの合唱隊のシステム構造

　ケチャの音楽の基本構造は、人間の群れの声の組み合わせによる奇蹟的といわれるほど絶妙な16ビートのリズムにある。しかし、そのリズムを刻むことで陶酔の境地に至ることができる実演者は別として、聴取者は50分に及ぶパフォーマンスの全体を旋律なしのリズム合唱だけで飽きずに鑑賞し続けていることは難しい。実際のケチャではそこにさらに、さまざまな音楽的要素が盛り込まれており、それらによってケチャの音楽構造は複雑高度なシステムを形づくるものとなっている。

　ケチャの音楽には、16ビートのリズム合唱だけでなく、人間の声の多種多様な表現が豊富に含まれている。リズムを刻む合唱隊は、リズム合唱以外に、ユニゾンによる合唱も奏する。朗々と歌い上げる男声ユニゾンの合唱は、ケチャの音楽にチャというパルス状の発声を組み合わせたポリフォニックな合唱とは対照的な変化を生む。

　また、リズム合唱隊以外に、音楽表現でありながらさまざまな役割を兼ねた表現要素が含まれる。まず、〈タンブール〉という規則正しい拍子を音楽的効果をともなって刻む役割がある。この役割は、ケチャの全上演時間を通じて継続的にメトロノームのように拍子を刻み続ける。次に、あたかも口三味線のように、ガムランの旋律を模して唱う〈プポ〉といわれる役割がある。プポは、特定の人物や状況などと結びつけられた短い主題や動機となる旋律を奏でる。その旋律は、16ビートのリズム合唱に重ねて唱われ、ラーマーヤナ物語の場面ないし踊り手によって演じられる登場人物ごとのテーマソングとなっている。物語を綴る10を超える場面に従ってそれぞれ異なる旋律が次々と繰り出され、ケチャ

の展開を盛り上げていく。

さらに、〈ダーラン〉という、カウィ語（サンスクリット語系の古代
ジャワ語）でラーマーヤナ物語の筋書きを謡う役割がある。これに加え
て、カウィ語はほとんどの現代バリ人には理解できないため、〈タン
ダック〉と呼ばれる語り部が、ダーランの謡を現代バリ語に翻訳して唱
える。ダーランの謡とタンダックの語りは、ケチャの音楽の各所に挿入
され、音の演出全体を立体的なものにしている。加えて、ケチャの音楽
のなかで唯一の女性の謡いである〈ジュルグンディン〉という役割があ
り、特定の場面にのみ男声合唱との絶妙なコントラストで郷愁を帯びた
深みのある声の表現を繰り広げる。

最後に、〈ダーク〉といわれるケチャのシステム全体を制御する重要
な役割がある。ダークは、ケチャの合唱隊の発するものとは異なる、音
楽的効果をともなう鋭いパルス状の声による制御信号を発し、ケチャの
合唱の開始や停止、また合唱全体の音量や速度といった緩急に関する指
示、あるいはコーラスの掛け声の種類の転換などを指示する。ダークは
合唱隊の一員としてリズム・モジュールを一貫して奏しながら、それと
並行して全体の状況を監視し的確に司令を出す。

このようにケチャの合唱隊のシステムは、人間の声だけを素材にする
にもかかわらず、リズムを構成するパルス状の掛け声、拍子、合図、旋
律、そして謡い、語りなど、実に異質で多様な要素をもつ構造となって
いる。これによって、一瞬一瞬同時多発的にさまざまな音源から多彩な
聴覚情報が発信される。ケチャの合唱隊は、観る人に対して背中を向け
ているので、さまざまな音要素がどこから発信されているのか容易にわ
からない。そのことは神秘性にも結びつき人びとを夢幻の世界へ誘う大
きな力になっている。ケチャの合唱隊の編み出す音空間は、あたかも人
間の声の曼荼羅のような宇宙を創るのである。

③ ケチャの合唱隊のシステム制御

ケチャでは、音楽を担う合唱隊が 100 人を超えることは珍しくなく、
前述のとおりその合唱隊が音楽とともにダイナミックな舞踊的表現も
担っている。こうした大集団の合唱隊に、精緻な 16 ビートのリズムを

刻みながら一糸乱れぬ舞踊的所作をも可能にさせるためには、システム全体の同期演奏が破綻しないよう高度な制御機構が必要となる。ケチャの合唱隊では、音楽情報が同時に、そのシステム制御におけるもっとも重要な制御信号にもなっている。

　前項で述べたとおり、ケチャの合唱隊のなかにダークという役割があり、16 ビートのリズムを刻みながら、時々音楽効果をもったコード化した掛け声によって制御信号を発し、合唱隊全体を制御している。ダークがシステム全体の総指揮を担っていることは間違いないが、指揮情報発信のやり方は、西洋音楽のそれとは異なり、指揮者が視覚的にも聴覚的にももっとも目立たないような方法をとっている。それはむしろ、一糸乱れぬ集団的表現にいっそうの凄みを与えている。しかし、ケチャのシステム制御において、もっとも注目すべき特徴は、ダークから発信される情報以外にさまざまな表現情報に制御信号が埋め込まれている点である。

　のちに詳しく述べるように、ケチャの 16 ビートのリズムは、四つのリズム・モジュールから構成される。異なる四つのモジュールを担当する 4 人のユニークな空間配置は、隣り合う同士で発せられる自分と異なる音モジュールにより相互のフィードバック制御が強力に働くようになっている。また、拍子を刻む役割〈タンブール〉によるテンポや緩急の制御、〈プボ〉という旋律による場面や踊り手の制御、〈ダーラン〉および〈タンダック〉という語り部による物語の進行および場面転換の制御などが同時並行に働いている。加えて、踊り手の所作は、音楽と密接に関係したあらかじめ決められた振り付けになっている場合が多く、合唱隊にとっては視覚的な進行制御情報として働く。一方、踊り手に即興的な所作が許されている場面も一部あり、そこでは踊り手の身体情報がケチャ全体を指揮する。このように、ケチャのシステムは各要素が極めて緊密な有機的つながりをもった、多元的・多重的な制御機構を具えている。この一つの有機体のような制御の仕組みは、演者にどのような効果をもたらすだろうか。ケチャの合唱隊は、車座になって向かい合っているため、こうした視聴覚情報をフィードフォワード制御およびフィー

ドバック制御信号として互いに受信しやすい。しかも、演者たちは、そ
れら視聴覚情報を制御情報としては意識せず、ほとんどは快感誘起情報
として受容している。こうした制御の仕組みに基づいている場合、演者
はどこか一点の指揮者に常に注意を向けておく必要がない。一元的な指
揮体制のもとに支配され統一されることを強制されているという意識
は、演者にはかなり希薄となる。正確に合わせようと意識せずとも自動
的に調和し同期しやすい。このことからもケチャの演者が陶酔的トラン
ス状態に入りやすいと考えられる。

　また、この制御機構は、参加者全員に快感の平等な享受を保障すると
ともに、演者がある種のセミトランス状態に入っても、全体システムの
秩序の破綻をきたすことのない堅固な安全装置ともなっている。このよ
うな仕組みに基づいて実現するケチャは、そこに参加し同期して演じる
ことで安全確実に快感を保障してくれる、まさに共同体構成員のための
音楽といえるだろう。

（2）ケチャに埋め込まれた究極の自己組織化のメカニズム
①　奇蹟の16ビートをつくる

　ケチャでは、遺伝子にプリセットされた本来の快感誘起性音楽信号の
有力な候補である〈16ビート〉のリズムが、驚くべきことに人間の声
のパルスでつくられる。チャ、チャという男性の叫び声を要素とする4
種類のリズム・モジュールを同期して演奏し、組み合わせることによっ
て16ビートを合成する（図10‐7）。16拍のなかにチャというパルス状
の掛け声を特定の順序で時間軸上に配列して刻む4種類のモジュール
は、一例をあげれば図10‐7のとおりで、〈プニャチャ〉〈チャクリマ〉
〈チャクナム〉〈プニャンロット〉と呼ばれる。この4種類のモジュール
が同時進行して発せられると、全体の掛け声の総和は、強拍と弱拍とが
交互に現れる仕組みになっている。この巧妙な組み合わせによって、声
を素材にした奇蹟的な16ビートの編み目模様が、たった4人で完成する。

　ケチャのひとつひとつのリズム・モジュールはたいていの人は口伝え
で少し練習すれば実行できる。この場合もガムランのコテカンの技法と

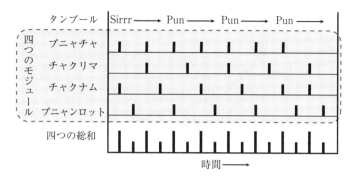

図10-7　ケチャの16ビートのリズム

同じ発想で、特に資質のある人びとを選ぶことや特別な訓練を必要とせず、普通の人びとが一人ひとりは簡単なパターンを刻み、それらが組み合わさってかみ合うと、快感の情報パターン16ビートが忽然と現れる。ケチャでは、4人で組み合わせると原理的にはひとりの人間の発声限界の4倍の速さの超速演奏がやすやすと可能となる。チャというひとつひとつの単純な破裂音モジュールでは、直接快感に結びつかないにもかかわらず、それらが同期して組み合わさったとき、16ビートと超速という二つの快感情報要素が造成される仕組みは巧妙さを極めている。

② **知覚を超える快感のシグナル――高周波音と非定常持続音**

　ガムランの場合と同様に、ケチャのリズム合唱においても、ひとりの声よりも大勢の声を合わせた場合に、高周波音と非定常持続音が増強される（図10-8、10-9）。人間の声で、高周波音と非定常持続音を発生させるためには、モンゴルのホーミーやブルガリアの女声合唱など、ある程度の訓練が必要である。しかし、ケチャでは、誰でもすぐに出せるチャという叫び声を使っている。破裂音は誰の声でも、破裂音でない通常の音声に比べて高周波成分と非定常なゆらぎ成分を圧倒的に多く含んでいる。そして、それらを大勢で組み合わせると、高周波とゆらぎを簡単に増幅することができる。しかも、ケチャのリズム合唱の演者たちは、次に述べる演者たちの独特の配列によって、高周波音と非定常持続音とを互いにごく至近で浴びることとなり、超知覚快感情報の最大の享受者となる仕組みとなっている。

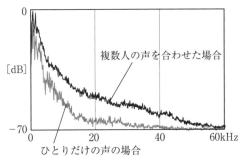

図 10 - 8　ケチャの高周波音

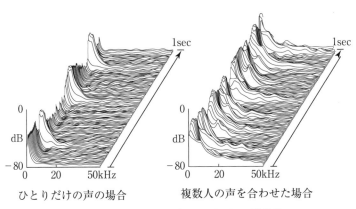

図 10 - 9　ケチャのミクロなゆらぎ成分

③　合唱隊を以心伝心で一体化する空間配置

　ケチャの合唱隊がとるユニークな配列は、演奏の高度化に合わせて演者たちの快感の形成に貢献している。実は、ここで演者たちが体験する快感は、西洋の大規模なオーケストラや合唱では、極めて体験しにくいものである。なぜなら、それら西洋の形式では、自分の周囲からは自分と同一のパートの演奏者の発する自分と同じ音ばかりが大音量で聴こえる一方、他のパートの音は遠く霞み、極めてアンバランスな音空間に取り囲まれることになるからである。これらは、ハーモニーやリズムがつくる快感を遠くに押しやるとともに自律的なアンサンブルの形成を妨げ、指揮棒による統制を要請する原因をつくるものにほかならない（文

①プニャチャ　②チャクリマ　③チャクナム　④プニャンロット

図 10 – 10　ケチャの合唱演者の空間配置

献3）。

　これに対して、バリ島で最大規模に達するケチャの合唱では、こうし
たアンバランスを解消する絶妙な配置がとられている（図 10 - 10）。
100 人前後の合唱団のサイズを想定するケチャの円陣は、一般的には四
重の車座をとって座ることが多い。その縦の一列に着目すると、たとえ
ば、リズム・パターン①が先頭であれば続いて②、③、④とひとりずつ
順序よく並び、その右隣の列は②、③、④、①、左隣の列は④、①、
②、③（またはその逆）といった整然たる配列をつくる。このマトリク
スでは、自分を含む縦列と横列のそれぞれ連なった4人が①から④まで
の各ひとりずつでつくる完成された四部合唱を構成しているうえに、平
面的に見ると、自分を取り囲む至近の8人が四つのパターンを2人ずつ
含んだ完全なバランスを形成する。このシステムは、まさに〈スモール
ワールドネットワーク〉の模範のごとく同期し、大合唱隊に指揮棒なし
で四声部ポリフォニーによる完全無欠の 16 ビートを実現させつつ、演
者ならではの快感の享受に合わせて演奏の首尾をいやがうえにも高め

る。なお、この仕組みではケチャの合唱隊の人数はいくら参加者を増員しても原理的に破綻しない。実際バリ島では、最大3000人規模のケチャが演じられた例がある。

　このようなケチャのリズム合唱が、特等席に座った最優先の享受者でもある演者たち自身の脳に導く美と快の反応には、尋常ならざるものがある。開始後しばらくしてリズムが本格的に同期すると、演者たちは、体が自ずと律動し、無意識に正確無比のリズムを紡ぎ出すような境地に転じていく。近年、脳の状態のさまざまな同期現象に関する研究が行われているが、ケチャを演じる人びとの脳波を計測した実験では、自発脳波α波が実験参加者間で同期して増減する現象が見出されている（文献4）。ケチャの合唱隊のメンバーの多くは、演じて何十分か経過すると、意識清明のうちに、報酬系の特異な活性化を十分にうかがわせるえもいわれぬ陶酔感が訪れてくるという。それがやがて恍惚感や法悦感に及ぶことも、決して珍しくない。「ケチャはなんといっても自ら演じるのが一番」といわれるゆえんであろう。

　以上のように、ガムランおよびケチャにおける、専門芸術家ではなく共同体を構成するごく普通の人たちが具えている平均的な機能を巧妙に組み合わせた相乗効果が生み出す超絶の妙技、ならびにその最優先の享受者が演者群である村人たち自体となる仕組みは、村人たち同士を美しさ快さを生み出すうえで必須の分身同士として、互いに強い絆で結びつけずにはおかない。この脳の報酬系の活性化に導かれた自己組織化の効果は、まさに絶大である。

　本講では紹介していないが、水田稲作を営む社会では水争いがつきもので、水をめぐる深刻な葛藤要因が恒常的に潜在化している（文献5）。バリ島は、少なくとも1000年以上の水田稲作の歴史をもち、その複雑な地形から水争いの発生リスクは高い。バリ島共同体が深刻な水の葛藤を乗り越えて、調和的で快適な社会を実現している背景には、これらの音楽とそこに見られる優れた自己組織化の仕組みが共同体の生存戦略の根幹となって横たわっている。

● 研究課題

10-1　音楽による人類共通の快感誘起情報の候補をまとめてみよう。

10-2　快感を誘起する感性情報がなぜ共同体の自己組織化を促すのか、その仕組みをバリ島の音楽の事例で説明してみよう。

文献

1 ）　J. Olds：Pleasure Centers in the Brain, Scientific American, Vol.195, No.4（1956）
2 ）　大橋力：近現代の限界を超える〈本来指向表現戦略〉（その 3 ）、科学、Vol. 77、No.7（2007）
3 ）　大橋力：本来指向表現戦略は脳の報酬系をどこまで活性化するか、科学、Vol. 77、No.10（2007）
4 ）　本田学：「阿吽の呼吸」の神経基盤、BRAIN and NERVE、Vol.72、No.11（2020）
5 ）　河合徳枝ほか：バリ島の水系制御とまつり、民族藝術、第 17 号（2001）

11 | トランスの脳科学──感性情報は人類をどこまで飛翔させるか

河合徳枝

　共同体の絆となる音楽の自己組織化力の射程は、脳の行動制御回路のなかの報酬系をどこまで活性化し、いかに強力な快感と陶酔を共同体構成員に体感させるかにかかっている。本章ではバリ島の共同体を事例に、祝祭の極致で発生する〈トランス〉（意識変容）とそれを誘起する音楽そして音の力を共同体の自己組織化に活かしている伝統の叡智について学ぶ。また、伝統的共同体の祝祭儀礼に見られるトランス状態が、感性情報によって誘導される究極の快感状態のひとつであろうという仮説と、それを生理的指標を計測して実証した研究について述べる。

1. 祝祭儀礼の感性情報によって誘導されるトランス

（1）大多数の人類社会に見られる儀礼のなかのトランス現象

　487の人類社会を調べたエリカ・ブルギニョンによれば、その90％以上に、儀礼として制度化され様式化された手続きによって引き起こされるトランス（意識変容）現象が見られ、そのうち57％に憑依（他の生きものや精霊などが乗り移ったとされる状態）が見られたという（文献1）。地球上の人類社会のさまざまな形式をもつ儀礼において、文化伝搬の形跡のあるなしにかかわらずトランス現象が共通して存在していることは、トランスが人類の遺伝子に普遍的にプログラムされた行動のひとつである可能性をうかがわせる。

　そうした儀礼では、それぞれの社会で開発伝承されている統制された手続きによって、ほとんどの場合化学物質を使用することなく、健常な人間を非日常的な意識状態、たとえば陶酔・興奮・過覚醒状態あるいは催眠状態などに誘導する。そのようにしてトランス状態に入った人びと

は、たいていの場合、当該する儀礼を成就させる重要な役割を果たす。

　こうしたトランスの発現は、共同体の構成員にとって、神々との交信の成立を意味し、人智を超えた災厄を祓うための儀礼や豊作豊漁を神々に感謝する儀礼のもっとも重要な場面を構成するとともに、多くの場合、トランスの発現が儀礼の目的そのものともなる。

（２）バリ島共同体に広く見られるトランス現象〈クラウハン〉

　バリ島の伝統的共同体のさまざまな祭りのなかでも、〈デサ〉やそのサブシステム〈バンジャール〉と呼ばれる自己完結性の高い村落単位ごとに執行される祝祭儀礼は、トランス現象の面で充実したものが多い。

　1930年代にバリ島のフィールド研究を行った文化人類学者マーガレット・ミードが、「ある村の住民はけっして神懸かりにならないのに、他の村の住民は全部なる、という程度の違いもほとんどない」とバリ島共同体のトランス現象の普遍性、均質性を指摘している（文献２）。確かに、バリ島各地には、様式や頻度の差こそあれ、共通してトランス現象が見られる。そして今日なお、バリ島共同体の祝祭儀礼におけるトランスの実在状態はおおむね過去と変わっていない。とりわけ共通して頻度高く見られるトランス現象は、現地の言葉で一般に〈クラウハン〉（Kerauhan）と呼ばれている。

　儀礼は共同体ごとに固有のさまざまな表現型をもちながらも、クラウハンを誘導するプロトコルは共通するところが多い。そのプロトコルは高い確率でトランスを誘導するソフトテクノロジーとして、伝統的に究めつくされている。それによって発現するトランスの生理的な態様も、共同体ごとの祝祭儀礼の形式、種類のいかんにかかわらず、共通するところが多い。

　一般に、デサで執行される多様な儀礼のなかで、デサごとに建立された〈プラ・ダレム〉（死者の寺）の〈オダラン〉——バリ島固有の210日を一巡とする伝統暦ウク暦の１年ごとにめぐってくる寺の創立記念祭——に奉納される〈チャロナラン〉という悪魔祓いの劇的儀礼は、クラウハンが誘導される頻度が極めて高いもののひとつである。チャロナラ

ン劇におけるトランスは、クラウハンの典型例として、各デサを超え、ほぼ共通のプロトコルのもとに共通した生理状態が誘導されることが注目される。

（3）クラウハンの態様

　チャロナラン劇におけるクラウハンの態様を紹介する。奉納劇チャロナランは儀礼のなかで、演劇の形をとって開始されるものの、不特定多数の演技者および観客が途中から次々に忘我陶酔の意識変容状態に入り、しばしば失神するほど強烈なトランスを集団的に発生しつつ混沌のうちに終わるという形式をもつ（写真11-1）。

　その態様の特徴は、生理状態の不連続な転換、およびひとりが引き金となったのち連鎖反応的に引き起こされる集団的発生、当事者の意識の狭窄、被暗示性の亢進、興奮状態、自動的動作、痛覚減弱、恍惚型・苦悶型の表情、筋硬直、けいれんなどである。なお、トランスからの回帰もプロトコルが確立しており、聖水散布、体性感覚刺激、筋硬直を緩めるための高濃度アルコール飲料の経口投与などにより、数分以内に常態に戻る。トランス体験者は共通して、事後健忘を呈しつつも、多幸感、爽快感、疲労感などを訴える。

写真11-1　チャロナラン劇のトランス（短剣をふりかざして魔女を攻撃したり、失神して昏倒したりする様子）

2.　トランスの実体に迫るアプローチ法

（1）トランス研究の新しい仮説

　バリ島のトランス現象には、20 世紀初頭から多くの研究者がアプローチしている。1920 年代からバリ島のフィールド調査を始めた文化人類学者ジェーン・ベローは、詳細な観察によるトランス現象の学術的報告を記し、多くの研究者の関心を集めた（文献 3）。しかし、それは現象の記述と考察にとどまるしかなかった。また、前述のマーガレット・ミードやその夫であったグレゴリー・ベイトソンも、バリ島文化を解明するうえでトランス現象に強い関心を示した。とくにミードは、文化やその文化で培われるパーソナリティの本質を写真や動画映像に記録し、それらを客観的実証材料として研究を進めた。そのため、トランス現象についても、その実体を写真や動画映像に収めることに躍起になっていたらしい。しかし、当時の撮影技術の限界により、深夜の闇のなかで行われるその神秘的な儀礼を映像化することはほとんど不可能であった。そのため、ミードらが記録したトランスの映像は、残念ながら昼間に特別に依頼してバリ島の人びとに演じてもらったものであった（文献 2）。

　ミードらのこの白昼のトランスの記録写真から、バリ島の人びとは外国人の注文に応じてトランス現象を誘導できるというような説が唱えられた。他方では、そもそも儀礼におけるトランスは演技にすぎないとか、単なる狂気であるとか、あるいは薬物を使用しているのではないかといった、バリ島のトランス現象に関するさまざまな説が唱えられ、決着がつかないままの状態が続いてきた。トランスの実体を客観的に明らかにしようという研究は、その後も試みられている。ミードらが研究していた 1930 年代から見れば、研究装置や技術の点では、さまざまな発達がありえたにもかかわらず、以下に述べる研究が登場するまでの約 60 年間、トランス現象の実体を科学的に捉えることに成功した例は知られていない。その新しいフィールド研究の作業仮説は、バリ島のクラウハンというトランス現象が、その誘導プロトコルならびに態様の観察

から、音楽をはじめとする感性情報によって誘導される究極の快感状態、すなわち脳の報酬系の究極の活性化状態ではないかというそれまでにない仮説である。

（２）クラウハンの誘導に音楽が機能する

クラウハンを誘導する儀礼空間では、とりわけ重要な快感誘起性の感性情報として、第10章で紹介した快感誘起力の強いガムランを代表とする音楽ならびに音響情報が駆使されている。そこで、前項の作業仮説から、バリ島の共同体を基盤にして複雑高度にシステム化した音楽は、脳の報酬系を非日常的に高いレベルにまで活性化させ、それによって固有の強いトランス状態にまで脳機能を変容させる決定的な力になっているのではないかという考え方が導かれた。

たとえば、チャロナラン劇では、〈ガムラン〉や〈テクテカン〉——竹管を堅木の撥で激しく叩く打楽器群——といわれる超高周波音を発する音楽が必須の要因となっている。ガムランは、第10章で紹介したように20人を超える男性が演奏する打楽器アンサンブルで、とくに主力となる鍵盤楽器では青銅器が堅木のハンマーで強力に打ち鳴らされ、おそらく地球上でもっとも強力な超高周波音を紡ぎ出す。

また、テクテカンでは、数十人の上半身裸の男性が竹管を1個ずつもって密集して座り、ケチャと同様にそれぞれのリズム・モジュールの組み合わせが16ビートを構成するよう、堅木の細い撥で竹管を激烈に叩き続ける（写真11-2）。数十人の祭り人が1本ずつもった太い竹筒を激しく叩き交わす破裂音がぶつかり合うことによって、金属打楽器ガムランにも負けない200kHzにも及ぶ超高周波音がつくり出される（図11-1）。これらの楽器奏者たちは、演奏中相互に至近距離からの超高周波音を浴びせ合うことで、第6章で述べた可聴域を超える超高周波成分を含んだ音が人間の脳に与えるハイパーソニック・エフェクトが高められトランス状態に入りやすくなることが予測される。確かに、実際にテクテカン奏者のトランス状態に入る確率は、一般観客に比べてはるかに高い。

写真 11 -2　テクテカンの奏者

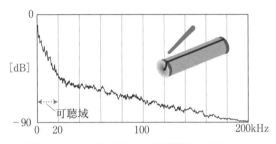

図 11 - 1　テクテカンの周波数スペクトル

　このようにバリ島の人びとは、トランスを誘導する音情報として、知覚を超える音を巧みに活用していた可能性が高い。〈ハイパーソニック・エフェクト〉が科学的に発見されるよりも何百年も前から実践されていた伝統知といえる。ハイパーソニック・エフェクトを発現させる高複雑性超高周波は、人間に知覚できる周波数の上限を超えるため音としては聴こえない。にもかかわらず、それを含んだ音が基幹脳の領域脳血流を増大させ、脳波 α 波を増強し、血中の生理活性物質濃度を変化させ、音をより美しく快く感じさせるとともに、免疫力の上昇など体をより健やかにする作用をもたらす。

　このハイパーソニック・エフェクトをバリ島の人びとが古来体験知として知り尽くしていたことを裏付ける具体的事実は、枚挙にいとまがない。たとえば、バリ島では、ガムラン楽器の構造と編成は、歴史的に高周波成分をより豊富に出力できるように進化・発達させてきた形跡がある。こうした快感誘起性情報である高周波成分を増強させてきた楽器開発の事実を見ると、バリ島の人びとは、脳の状態をトランスの方向に移

行させる報酬系の活性化を、意識無意識を問わず強く願い求め、その材料を探求してきたのではないかと考えざるをえない。

（3）フィールドで計測可能な指標はあるか

　トランス現象が脳の報酬系の究極の活性化状態であるという仮説の検証のためには、トランスという脳の変容の実体を物理現象あるいは物質現象として捉えることができればよい。もし、報酬系活性化を反映するなんらかの生体物理現象や生命化学物質を指標としその定量的計測ができれば、人類の脳が日常性を離れてどこまで飛翔できるのかというトランスへの科学的認識のみならず、人類の音楽、情報、脳に関する理解も大きく前進するだろう。そこで、先のチャロナラン劇において高い頻度で見出されるトランス現象の生理的指標を計測するフィールド計測研究が構想され実現した。その過程は、さまざまな未知の障壁を独自の方法を編み出して克服し結果を導いたものなので、少し詳しく述べる。

　脳の活動を非侵襲的に計測する方法は近年さまざまな手法がある。とはいえ、その花形である非侵襲的脳機能解析である fMRI（機能的磁気共鳴画像法）や PET（ポジトロン断層撮像法）などの装置を儀礼の庭に持ち込むことは、それ自体荒唐無稽であるほど実現困難であるばかりか、儀礼の本質を破壊してしまう。

　PET で測った報酬系の拠点を含む基幹脳の活性化度合いと自発脳波の特定の周波数領域の強度とが高い相関をもっているという知見が得られたことから、儀礼の庭で儀礼の本質への影響を最小限に抑える脳波計測手法が開発できれば、トランス状態の基幹脳の活性の変化を脳の電気活動からある程度捉えうるのではないかという可能性が出てきた。また、意識が変容し四肢の硬直やけいれんあるいは失神昏倒するような究極の状態下では、トランスの生理的状態を反映する神経伝達物質、たとえば報酬系に関わるドーパミンやβエンドルフィンなどが大量に脳内に分泌され一部は血液中に流れ出ている可能性が高いので、それを定量的に計測できれば、トランスの生理基盤を推定することができる。しかし、フィールドにおいて、実際の儀礼を対象として脳波や血中の神経伝

達物質といった指標の計測を実現することは容易ではない。

（4）フィールド計測の困難性

　フィールドにおけるトランス現象の生理的計測は、大きく三つの困難に阻まれている。第一は、トランスを誘起する儀礼は、神聖性、秘儀性が極めて高くその執行日時や場所を探索することが難しい。バリ島共同体では、伝統文化の保護のために神聖度の高い儀礼をむやみに外国人に公開してはならないというバリ州政府令があり、トランスをともなう儀礼の情報は秘匿されている。そのため、特にここ2、30年の急激な観光化のなかで、トランスをともなう伝統儀礼はほとんど消滅したのではないかとさえ外国人の間で風評されていたほどである。

　しかも、バリ島の儀礼は、西洋暦とは原理の異なる伝統暦に基づいて共同体ごとに慣行的に行われている。たとえば、先述したオダランといわれる寺院の創立記念日の儀礼は伝統暦の1年（210日）に一度めぐってくるけれども、その日程は寺院ごとにまちまちである。したがって、いつどこでオダランがあり、しかもそこでトランスの儀礼が行われるかどうかは、外部の人間が容易に探索できるものではない。

　第二に、研究参加者の協力を得ることが極めて難しい。ここで研究参加者とは、儀礼に参加する人びとのなかから、脳波計測や血液採取に同意してもらって特別に協力していただく人である。バリ島共同体では、まず脳波を導出する電極を頭皮上に装着することがもってのほかの行為で、最大の障壁といってよい。なぜならバリ島の人びとにとって、頭はそこに聖なる神々や霊が降りて滞在するもっとも神聖な場所である。そのため、たとえば子どもの頭を左手（ヒンドゥー文化圏では左手は不浄とされている）でなでることはタブーである。ましてや神聖な儀礼のなかでその頭に電極を設置することは神を冒涜する行為に等しく、なによりバリ島の人びと自身が怖れを抱いて同意してくれない。儀礼の場で採血することも、著しく不適合な行為といえる。こうした計測への協力に同意を得ることは、限りなく不可能に近い。

　第三は、フィールドにおいて儀礼の本質を妨げずに、自然の状態下で

自由に行動する研究参加者の生理指標を確実に計測する装置と手法が
まったく存在せず、ゼロから開発しなければならないことである。クラ
ウハンでは、演技者はかなり激しい興奮状態のなかで寺院の庭全体を縦
横無尽に動きまわる。そのため人をベッドに横臥させ安静状態で計測す
る通常の脳波計測装置では、まったく役に立たない。計測システムの
ハードウェアとソフトウェアを独自に開発する必要があり、しかも
フィールドにおいて実用レベルにもっていくためには、非侵襲性、可搬
性、堅牢性、電源自給性などさまざまな困難を克服する必要があった。

（5）フィールド計測の実現

　第一および第二の困難を乗り越えるために、研究チームは、研究者と
してではなく、バリ島の音楽、舞踊の教えを請うアマチュア愛好家とし
て、村人のもとへ弟子入りし芸道修行をしつつ、信頼関係を築いていっ
た。そして、おおよそ10年がかりで神聖な儀礼の際に神聖な奉納劇を
演じる共同体の人びとの頭部に電極をつけ、血液を採取することを許さ
れるところまで行き着いた。
　第三の困難に対しては、まずハードウェアは、既存のものを改良しつ
つ独自なものが開発された。儀礼の本質を損なうことなく計測するため
には、まず動きまわる奉納劇の演者から検出した脳電位のデータを、
ケーブルなしで、つまり無線通信で送受信しなければならない。同時
に、電極装着の拘束感を最低限としその動きを制約せず自由に行動する
ことを可能にし、実用精度で連続的に脳電位データを計測・記録するシ
ステムが必要である。フィールドで実際の儀礼を対象とすると、時には
一晩中に及ぶ長時間の儀礼を連続的に記録する必要も出てくる。また、
激しく動きまわり、体動や顔面の筋肉による膨大な〈アーチファクト〉
（脳波以外の電位）が混入するため、アーチファクト周波数成分を除去
するバンドパスフィルターや解析プログラムなども開発しなければなら
ない。これらの問題をひとつひとつ解決しながら、実用システムが練り
上げられた。こうして、装着感、拘束感、増幅器および発信装置の小型
化、アンテナ受信能力の強化、可搬型バッテリーシステム、多チャンネ

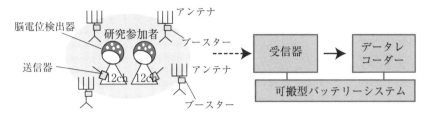

図 11-2　フィールド用多チャンネルテレメトリー脳波計測システム

写真 11-3　脳波電極装着

ル同時長時間記録など、さまざまな開発・改良を加えつつ、非侵襲性・非拘束性・耐動性の独自の〈フィールド用多チャンネルテレメトリー脳波計測システム〉が構築された（図 11-2）。

　計測システムが実用化しても、統制された条件と手順とがなければ、有効データを得られない。そのため、厳格な統制条件を遵守しながら、幾多のフィールド計測が試みられ、現地で計測が許されてからさらに5～6年かけて安定したデータ計測が可能になっていった。

　以上のように、奉納劇チャロナランに見られるトランス現象の生理状態について、脳の電気活動の変化および血中神経伝達物質の濃度変化をフィールド計測にともなう困難を克服し追跡することが試みられ、十数年を費やして、実際の儀式の開始前から終了後までの計測が世界で初めて成功を収めた（写真 11-3）。

3.　トランスの生理的背景

（1）脳の電気活動

　人間の脳の電気活動を最初に正確に計測し記載したのは、精神科医の

ハンス・バーガーである（文献4）。バーガー以前は、人間の脳の電気
活動は患者の手術中に治療の一環として、脳内に電極を挿入して計測す
ることだけだった。バーガーは、頭皮上に装着した電極からも脳の電気
活動が記録できることを見出し、健常人の閉眼安静時に、主に後頭部、
頭頂部に見られる 10 Hz、振幅 50 μV 前後の規則正しい周期をもつ波を
アルファ（α）波（α リズム）と命名した。バーガーはまた、α 波は、
眼を開いて物を注視すると消滅し——α 波ブロックという——、代わっ
て 18〜20 Hz、20〜30 μV の波が出現することも確認し、これをベータ
（β）波（β リズム）と名付けた。そして、このような脳の電気活動の記
載を総称して、〈脳電図〉、あるいは〈脳波〉と呼んだ。これ以後、脳波
に関する研究は、健常人の感覚、情動反応や認知機能、ならびに神経お
よび精神の障害などのさまざまな中枢神経系の疾患などに関連して多く
の成果を蓄積している。

　バリ島のチャロナラン儀礼で計測に成功したトランス状態の自発脳波
は、これまでの脳波研究において見出されていなかった特異的な脳波の
パターンを示した（文献5）。まず典型例を示す（図 11 - 3）。それは、
２人の演者が同じ機会に同じ奉納劇の演者としてまったく同様の行動を

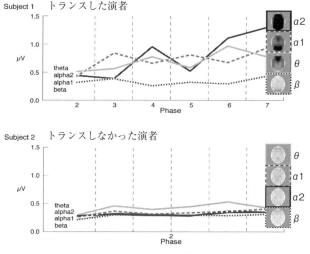

図 11 - 3　奉納劇演者におけるトランス状態と平常状態の脳波（典型例）

したにもかかわらず、偶然にもひとりの演者がトランス状態に入り、もうひとりの演者は通常の意識状態のまま演じていた例である。

　演者は、奉納劇の開始前に閉眼して座り安静状態の脳波を計測記録された。続いて奉納劇開始から終了まで脳波を継続的に記録されて、さらに、奉納劇終了後もう 1 度閉眼安静状態の脳波を計測された。ひとりの演者は、奉納劇開始後 1 時間ほどで意識の変容をきたし、悪霊を攻撃する戦士に憑依した。短剣（クリス）をもって魔女役の演者を激しく攻撃するという動作を、何かにとり憑かれた風情で繰り返した。この時、脳波学の従来の常識では知られていない、興奮し激しく動きまわる人の脳波のパターンでは通常見られないとされている $\alpha 1$ リズム（8 〜10 Hz）が大きく増強していた。劇中、霊たちの戦いが極みに達した演者が昏倒した時の脳波では、領域脳血流の変化と相関し、報酬系を含む基幹脳（中脳、間脳視床、間脳視床下部）のネットワーク全体の活性の優れた指標である $\alpha 2$ リズム（10〜13 Hz）が極めて強く出現した。再び起き上がって攻撃を繰り返す演者では、$\alpha 1$ リズムが再度強まり、続いて再び昏倒したときには、$\alpha 2$ リズムが前にも増して強く現れた。加えて、このとき θ リズム（4 〜 8 Hz）が顕著に増強していた。

　こうして迎えた奉納劇の終末場面では、戦士の役割を担う演者たちは、魔女の魔術に支配されているという暗示によって、自らの体の胸や腹部あるいは頭部に自分の短剣を突き立てる動作を行う。この時、演者は一見苦悶のなかにのたうちまわっているかのごとく見える。しかし、演者への事後の聞き取りによれば、トランス状態に入った演者は、快感と陶酔の極致にあることがわかった。また、奉納劇終了後速やかにトランス状態から通常の意識状態に復帰した直後に閉眼安静状態の脳波を計測すると、開始前の安静状態に比べて $\alpha 2$ リズムのパワーが増大していた。このように、トランスという現象にともなって、$\alpha 1$、$\alpha 2$、θ リズムのすべてに歴然と特異的活性化が現れるという通常ではありえない脳波の発現パターンが見出された。

　一方、対照例として同時に計測されたトランス状態に入らなかった演者では、奉納劇の開始前と終了後の安静状態の計測において、トランス

演者と同様に健常者が示す一般的な α リズムが検出されたと同時に、正常意識で臨んでいた演技中の脳波は、健常者が覚醒して活動している際に出現する脳波の状態を一貫して維持していた。

　自発脳波の α リズムは、意識清明な覚醒状態下においてリラックスした快適な状態の時に出現するのに対して、θ リズムは一般には覚醒レベルが低下した浅い睡眠、あるいは催眠状態下で発現する。また θ リズムは、特別な訓練による深い瞑想状態下や集中した効率のよい作業下などでも出現する。一方、トランスに入った演者のように興奮状態で活動している人に見出されることは、従来の常識では考えにくい。また、一種のトレード・オフの関係にあるはずの α、θ 成分が顕著に共存して増強する現象もまったく新しい知見といえる。

　これらの二つの典型例は、トランス状態と平常状態との脳の電気活動のコントラストを非常に明瞭に示した。その後、同様のプロトコルによる儀礼において、同様の演技内容による奉納劇を対象に、幾度かの実験計測データが蓄積された。それらのデータについて、トランス群の演者と対照群の演者の脳波の各帯域のパワーの変化量の差が統計検定され、すべての帯域において、統計的有意性をもってそれらの脳波パワーの変化量の2群間の違いは、トランスという要因によって引き起こされていることが示された（図11-4）（文献6）。

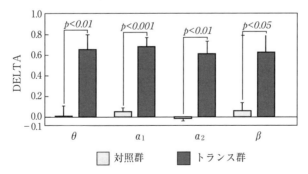

DELTA＝トランス中の EEG ポテンシャル －トランス前の EEG ポテンシャル
p 値：統計的有意確率（p 値が 0.05 以下の場合、対照群とトランス群の違いが偶然ではないことを意味する）
EEG ポテンシャル：脳波パワーの大きさ

図 11-4　トランス群と対照群の脳波パワーの変化量

（2）神経伝達物質の挙動

　もうひとつの生理的指標として神経伝達物質の挙動を計測するために、奉納劇開始前後に採血した血中の神経伝達物質の濃度が定量分析された。その結果も、脳電位活性のデータに勝るとも劣らぬ衝撃的なものであり、しかも、脳電位データと高度に相補的なものであった（文献7）。

　トランス状態の有無にかかわらず、演者たちのモノアミン系・オピオイド系の神経回路に働く神経伝達物質の血漿中の濃度は、儀礼を通じて上昇した。しかし、その濃度変化の度合いは、トランス状態に入った演者と平常状態のままの演者との間でまったく異なっていた。統計検定の結果、トランス群の演者は、対照群に比べて、ノルアドレナリン、ドーパミン、βエンドルフィンの血漿中濃度の増加量が有意に大きいことがわかった（図11-5）。これらの神経伝達物質の挙動の違いも、脳波と同様に統計検定され、これらの物質がトランスという意識変容状態の有無によって現れた違いであることが強く支持されている。

　中枢で働くノルアドレナリンは、興奮、過覚醒、意識狭窄などを引き起こすといわれる。また、ドーパミンは、もっとも強力な快感を発生させる報酬系回路の代表であるA10神経系の神経伝達物質である。その神経系の活性は、クラウハンにおける興奮型のトランス状態に特徴的な振る舞いを誘起することを想定させる。A10神経系に作用するこれに紛らわしい化学構造と生理活性をもつ偽装物質がコカインや覚醒剤であ

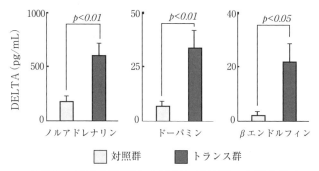

図11-5　トランス群と対照群との神経伝達物質の血漿中濃度の変化量

ることは第9章ですでに触れた。これらの薬物を多量に服用するとクラウハンに似た興奮、過覚醒、過活動などの生理状態が引き起こされることが知られている。

βエンドルフィンは、痛みを遮断する鎮痛作用そして陶酔感や幸福感などを発生させる。クラウハンの状態で、剣を胸に突き立てたり燃えさかる火を素足で踏み消したりすることがよく見られる。このとき演者は、まったく痛みを感じていない。このことは、脳内に分泌されたβエンドルフィンの作用によることが強く示唆される。さらにβエンドルフィンは大量に分泌されると筋硬直やけいれんを導く作用が知られている。クラウハンにおけるトランス状態では、演者に四肢の硬直やけいれんが出現する状態は、これらの物質が多量に分泌されたことを示す結果として矛盾なく理解できる。

（3）トランスへのメカニズム

　本来の神経伝達物質は、情報伝達の役目が終わるとさまざまな仕組みで消失し、シナプスとレセプターは初期の待機状態に戻り、次の信号に反応できる準備を整える。神経伝達物質アセチルコリンが働く運動神経系などでは、アセチルコリン・エステラーゼという酵素がアセチルコリンの分解を瞬時に行い、情報伝達とほとんど同時に非常に素早く初期状態に戻る。ところがドーパミン神経系やオピオイド神経系のような快感発生に関連する神経系では、酵素による瞬時の復帰機構をもたず、元の細胞への再吸収と拡散、血液中への排出などで伝達物質の除去が行われる。この仕組みでは瞬時には初期状態に戻れず、入力信号が頻繁に入ってくると、神経細胞は連続して興奮した状態に置かれ、シナプス間隙に神経伝達物質が残留し続けどんどん蓄積していく状態となる（図11-6）。こうして、ある閾値を超えて神経伝達物質が放出されると、脳は日常的な状態とは異なる状態に切り換えられる。いわば、コカインやモルヒネなどの化学物質を大量に投与されたような状態ともいえよう。これがトランス状態への転換、〈ケ〉（日常）から〈ハレ〉（非日常）への転換の生命科学的背景と考えることができる（図11-7）。

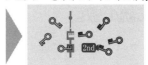

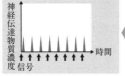
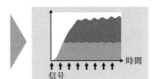

図 11-6　神経伝達物質による情報伝達の二つの仕組み

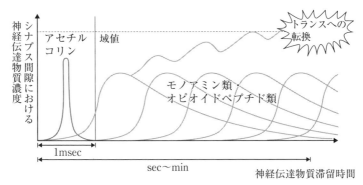

図 11-7　トランスへの転換

4. トランスの着火装置──バリ島の人びとの究極的な伝統の叡智

　クラウハンの発現には、連鎖反応的な伝播構造がある。聴覚情報だけでなく視覚情報、嗅覚情報など祝祭儀礼空間に出力されるさまざまな刺激の集積によって、トランスに入る臨界条件が脳の内部に整ったところで引き金になる刺激が与えられて、一気に反応が進行し始める。その最初の引き金は、「誰かひとりがトランスに入る」という状況の発生で、これを契機に人びとは立て続けに「翔び」始め、集団トランスに至る。この引き金を引くのが、バリ島では〈バロン〉と呼ばれる2人立ちの大型の獅子舞の前肢となる獅子頭の振り手であることが特異的に多い（写真11-4）。そもそも、仮面をつけた演者が視野と呼吸の制限によりトランス状態に入りやすいことは、アジア、アフリカでは共通の現象として多くの事例が見られ、互いによく似た生理状態を呈する。

　ところで、バリ島の人びとが、バロンの前肢の振り手をトランス誘導の着火装置として位置づけてきたことをうかがわせる驚くべき事実がある。すなわち、バロンの前肢の振り手にあらゆるトランス誘起情報の入

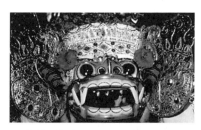

写真 11-4　バロン全身　　　　　写真 11-5　バロンの獅子頭の鈴

力を集中させ、その発火力を強化し、効果的に集団トランスを引き起こす導火線にしようという意図である。先の例のように、バリ島の人びとは、超高周波音の脳に及ぼす影響を伝統知として熟知しており、それを巧みに利用してきた可能性が高い。この推論をほとんど否定できないものとする材料がある。それは、バロンの獅子頭の裏側に仕込まれた鈴である（写真11−5）。その鈴は、青銅や真鍮のインゴット（鋳塊）を削り出してつくった重く強固なもので、それらを十数個密集させ、バロンの頭の内側に仕込んで、鋭く豊かな超高周波成分を盛大に発生させる。しかし、この鈴は獅子頭の内側に装備されているため、観客には見えない。それが発する音もガムランやテクテカンが轟く儀礼の庭においては、獅子頭の前肢の振り手以外にはまったく聴きとれるものではない。つまり、この鈴の音は、他の演者や観客に及ぼす効果はゼロに等しく、演出装置としてはほとんどなんの貢献もしていない。ではなぜこの鈴が仕込まれているのだろうか。実はこの鈴は、獅子頭の振り手の顔面と裸の上半身に超高周波を強力に浴びさせる仕掛け以外のなにものでもない（図11−8）。

　バロンの仮装の内側にいる振り手が受容する鈴音の周波数分布を実際に測定してみると、驚くべき超高周波音が見出された。さらにバロンの演技中しばしば行われる木製の面の上下の歯を打ち合わせる音が加算されると、超高周波成分がより増強される（図11−9）。このバロンの鈴の発する音情報の導く〈ハイパーソニック・エフェクト〉は、振り手の生理的状態をトランスに誘導する大きな要因になっているに違いない。

図11−8　バロンの振り手に高周波音を浴びせる仕組み

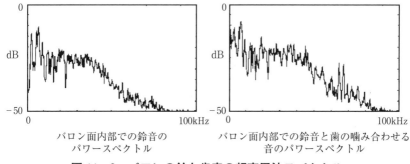

バロン面内部での鈴音の　　　　バロン面内部での鈴音と歯の噛み合わせる
パワースペクトル　　　　　　　　音のパワースペクトル

図 11-9　バロンの鈴と歯音の超高周波スペクトル

　事実、バロンの前肢の振り手が集団トランスの発生の引き金になる頻度
が、偶然に起こる確率をはるかに上回っていることは疑いない。このよ
うな生理的メカニズムを日常の体験のなかから発見したバリ島の人びと
の直観知とそれを合理的に活用してきた伝統知は、瞠目すべき水準に達
しているといえる。
　以上のように、情報と脳という切り口からアプローチすると、バリ島
の人びとはあたかも最先端の脳科学を承知しているかのように、生物学
的合理性を十分に踏まえつつ人類の遺伝子と脳に約束された本来性快感
誘起情報によってトランスを誘導するプロトコルを開発してきたであろ
うことを否定できず、驚きを禁じえない。儀礼の単位となっている非常
に多くの共同体において、共通のプロトコルにより、共通の生理的態様
が出現している状態は、それが人間の脳に普遍的な生体情報処理のメカ
ニズムと高度に合致している証といえよう。
　このように、音楽と音が脳の状態を変容させる強力な感性情報のひと
つであることを、バリ島のトランス現象は物語っている。共同体の演者
たちを音楽と音という快感誘起情報の最高の享受者とし、演者そのもの
を拠点に開花する報酬系神経回路の活性化は、トランスという究極の姿
にまで人類の脳を飛翔させている。こうした姿は、人類の共同体を支え
る音楽のひとつの到達点であり、音楽による共同体の自己組織化の精華
といえよう。

🔋 研究課題

11-1　共同体の祝祭儀礼に見られる薬物をいっさい使用しないトランス（意識変容）現象が、感性情報による脳の報酬系の活性化現象である可能性を否定できない。それをバリ島の実証的なデータを踏まえて裏付けてみよう。

11-2　文化伝搬の形跡がなくとも、地球上の社会に共通に見出される祝祭儀礼におけるトランス現象がある。人類共通の脳の情報処理の仕組みに基づいて、トランス現象をテーマに論じてみよう。

文献

1)　E. Bourguignon：Religion, Altered States of Consciousness, and Social Change, Ohio States University Press（1973）

2)　M. Mead：Balinese Character, New York Academy of Sciences（1942）

3)　J. Belo：Trance in Bali, Newyork, Columbia University Press（1960）

4)　H. Berger：Über das Elektrenkephalogramm des Menschen（I Mit-teilungen）, Arch. Psychiatr, Vol. 87（1929）

5)　H. Berger：Über das Elektrenkephalogramm des Menschen（XIV Mit-teilungen）, Arch. Psychiatr, Vol. 108（1938）

6)　T. Oohashi et al.：Electroencephalographic measurement of possession trance in the field, Clinical Neurophysiology, Vol. 113（2002）

7)　N. Kawai et al.：Electroencephalogram characteristics during possession trances in healthy individuals, Neuroreport, Vol. 28（2017）

8)　N. Kawai et al.：Catecholamines and opioid peptides increase in plasma in humans during possession trances, Neuroreport, Vol. 12（2001）

12 | コンピューターと音楽

仁科エミ

コンピューターやネットワークなどの情報技術の発展によって、作曲・演奏・録音・配信など、音楽をめぐる技術環境は大きく変貌しつつある。コンピューターによる音楽制作、演奏情報を記述する MIDI、それらによってつくられたコンピューター音楽や音に関わるメディア規格について、これまでの講義を踏まえて考察する。

1. コンピューターの実用化と音楽への応用

コンピューター開発の比較的初期の段階から、これを音楽に応用しようという試みが活発に行われた。そうしたコンピューターを作曲・演奏・編集などに使った音楽、あるいは、コンピューターを応用した電子的な発音装置すなわち〈電子楽器〉をもちいてつくられた音楽は、〈コンピューター音楽〉あるいは〈電子音楽〉と呼ばれ、現代音楽のひとつのジャンルをなしている。

これらの電子音楽は、第13章で述べる〈十二音音楽〉等とともに、従来の西洋音楽の作曲法や楽器の表現の限界を超越する手法として、前衛的な現代音楽の作曲家たちにおおいに歓迎された。とりわけ、推計学、確率論、乱数、カオスなどに依拠してコンピューターに計算させる〈自動作曲〉や〈アルゴリズム作曲〉などは、数理的な操作で個々の音が定められていくため、操作できるすべての要素が作曲家の手でコントロールされているにもかかわらず、結果として生まれる音響が作曲家自身にとっても未知の部分をもつことが注目された。一方、西欧近代社会における音楽著作権や音楽美学などの背景から、過去に楽譜に書かれた音符の配列や組み合わせは新たな創作とは認められず、個人の創作物と

みなしうる音符配置の自由度は時とともに小さくなり、「作曲家」とい
う職業の行き詰まりは甚だしくなっている。そうしたなかで、従来の楽
譜や楽器音に捉われないさまざまな音が音響合成によってつくり出さ
れ、活用されるようになった。実在の環境音（具体音）の録音物を取り
入れた〈ミュージック・コンクレート〉や、ノイズ発生機器をもちいた
〈ノイズ・ミュージック〉などは、コンピューター音楽とともにそうし
た近現代音楽の行き詰まりを抜け出そうとする試みのひとつといえる。

　そうした潮流のなかで、作曲上のパラメーターを決定する自動作曲に
コンピューターをもちいた最初の例は、ルジャリン・ヒラーとレオナル
ド・アイザックソンによる、イリノイ大学のコンピューター ILLIAC
I を使った『イリアック組曲』（1957 年）といわれている。ただし、そ
うして得られた「楽譜」は、コンピューターのつくる音ではなく、弦楽
四重奏によって演奏された。

　コンピューターの〈音響合成〉への本格的な応用は、1957 年ベル研
究所のマックス・マシューズによるプログラム〈MUSIC V〉に始まる
とされる（文献 1）。その後継プログラムは世界各地に拡がって信号処
理や音響合成の研究・応用に活用され、1960 年代の〈FM 音源〉の原
理の発明や、〈デジタル・シンセサイザー〉の開発につながっていく。

　実用面では、1960 年代後半からの〈アナログ・シンセサイザー〉の
開発と市販（とくに〈モーグ（ムーグ）・シンセサイザー〉の発売）に
より電子楽器が一般化し、商業音楽を中心に多くの音楽ジャンルでもち
いられるようになった。さらに、CD の普及とともに音楽制作環境のデ
ジタル化が進み、〈DAW〉（Digital Audio Workstation）ソフトウェア
など、パソコン上で稼働する音楽制作に関わるソフトウェアが急速に普
及した。いまや、作曲・編曲、演奏、録音、編集、パッケージ制作、配
信など、音楽制作のほとんどの領域にコンピューターが関与しており、
コンピューターと音楽との結びつきは極めて深くなっている。それらに
よって、自宅で音楽制作のすべての工程を完結させることもできるよう
になった。これによって、専門家でなくとも音楽を制作することが可能
になり、音楽産業の構造は大きく変わることとなった。

2. MIDI

コンピューターと音楽制作とを結ぶ大きな役割を担っている国際規格に、〈MIDI〉（Musical Instrument Digital Interface、ミディ、電子楽器デジタルインターフェース）がある。MIDI は、電子楽器の演奏情報を機器間でデジタル伝送するための世界共通規格で、物理的な送受信回路（インターフェース）、通信プロトコル、ファイルフォーマットなど複数の規格群から構成されている。

シンセサイザーが普及し始めた 1970 年代後半においては、シンセサイザーの音の高さや音のオン／オフなどの制御に複数の方式が併存しており、異なるメーカーの機器同士を接続して使用する際の問題や限界が著しかった。そこで、電子機器の制御方式が異なることによる不便さを解決するために、日本の電子楽器メーカーが中心となって共通規格の作成を開始し、海外のメーカーとの協議を重ねて 1982 年に誕生したのがこの規格である（文献 2）。その功績に対して、2013 年、グラミー技術賞が梯郁太郎氏（㈱ローランド創業者）らに授与された。

MIDI では、音を出す〈ノートオン〉、音を止める〈ノートオフ〉、音高〈ノートナンバー〉、音色〈プログラム〉、音の強弱（タッチ）〈ベロシティ〉、音量などさまざまな要素を制御するための命令が準備されている。たとえば、音の高さはノートナンバーと呼ばれ、もっとも低い音を 0、もっとも高い音を 127 に割り当てて表現する。88 の鍵盤をもつグランドピアノでは、鍵盤のほぼ中央にあるドの鍵盤にノートナンバー60 が割り当てられ、ノートナンバーの 21 から 108 までが低い音から順次、鍵盤に割り当てられている。ノートナンバーには任意の音高を割り当てることが可能なので、十二平均律に調律されている鍵盤にはない音高にも対応することができる。これを〈マイクロチューニング〉という。また、音の強さは 128 段階で設定でき、mp（メゾピアノ、中くらいの音の強さ）は 64 で表現される。音色は、最大 128 種類の任意の音色を設定し、そのなかから選択することができる。

では、ピアノの鍵盤のほぼ中央にあるド（中央C）の鍵盤を押すこと

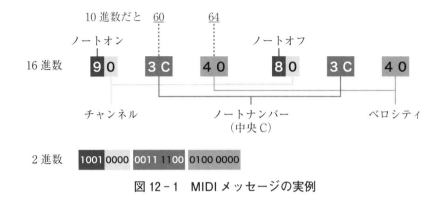

図 12 - 1　MIDI メッセージの実例

が MIDI でどのように表現されるかを見てみよう（図 12 - 1）。〈ノート
オン〉は 10 進数／16 進数で 9、〈ノートオフ〉は 8 という数字で表す
ことになっている。それらの左隣の 0 は、この楽器に割り当てられた
チャンネルを示す。この音の音高〈ノートナンバー〉は 10 進数では
60、16 進数では 3 C、2 進数では 111100 になる。音の強さを中くらい
として〈ベロシティ〉は 64 とする（16 進数では 40、2 進数では
1000000）。これらの数値を 0 と 1 の 2 進数として、システムの間で伝送
するのである。

　このように MIDI によって送られる情報は、実際の音ではなく音楽の
演奏情報であるため、そのデータサイズは実際の〈オーディオデータ〉
に比べて非常に小さくてすむ。このようなわずかな情報で電子楽器から
音を出すことができるのは、電子楽器側（図 12 - 2 の「宛先」）にそれ
に対応するプログラムがあらかじめ用意されていることによる。こうし
た MIDI の発想は、情報理論で知られている〈シャノンのコミュニケー
ションモデル〉（図 12 - 2）によく当てはまる。

　MIDI データを楽譜上に音符として表示する拡張規格も普及している
ので、MIDI データを活用した音楽制作では、楽器が弾けなくてもパソ
コンの画面上の五線譜に音符や休符を配置さえすれば作曲ができ、
MIDI の演奏データを記録・再生するシーケンサーやそれに対応した音
源モジュールがあれば、その楽譜を自動演奏することも可能となる。こ
れらによって、作曲と演奏との分業の壁が著しく低くなった。また、一

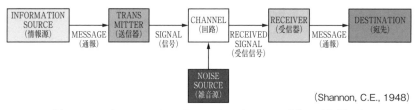

(Shannon, C.E., 1948)

図 12 - 2　シャノンのコミュニケーションモデル（文献 3 ）

般的な楽器の音色に捉われない新規性の高い音色や、十二平均律以外の音高を実現することも容易になっている。とはいえ、音源によって差はあるものの、MIDIによって実際の楽器の音を完全には再現できないこと、そして第 7 章で紹介した琵琶や尺八のようにミクロな時間領域で音色を構築変容させることが困難であることには注意を要する。

3. シンセサイザーによる音響合成

　電気電子楽器は無線通信やラジオの発達に合わせて生まれ、最初の電気楽器は 1874 年のイライシャ・グレイによる〈ミュージカル・テレグラフ〉といわれている（文献 4 ）。

　代表的な電子楽器といえる〈シンセサイザー〉は 1950 年代後半に開発され、1960 年代には楽器としての完成度と実用性を兼ね具えたアナログ・シンセサイザーとして実用化され、コマーシャルや商業音楽に活用されるようになった。アナログ・シンセサイザーは、電圧を変化させることによって、音高、音色、音量の制御を実現する（図 12 - 3）。まず、発振器でサイン波、矩形波、のこぎり波などの基本波形を発生させる。その周波数は、キーボードから入力される電圧で制御されるので、それぞれの鍵盤で周波数が半音ずつ変化するように電圧を設定すると、音階を奏でることができる。この信号をフィルターに送り、高域あるいは低域の周波数をカットして音色を変化させ、増幅器で音量を設定する。これにさらに複雑な変化を与えるのが、時間的な変化を加える〈エンベロープ・ジェネレーター〉、ごく低い周波数を加えて周期的な変化（モジュレーション）をつくり出す低周波発振器などである。

　なかでも、エンベロープ・ジェネレーターは、フィルターと並んでシ

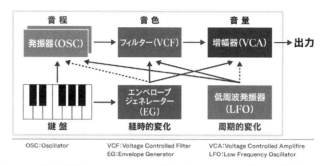

図 12 - 3　電圧制御によるアナログ・シンセサイザー（構成の一例）

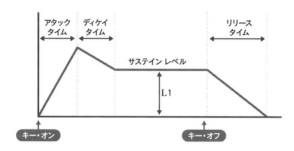

図 12 - 4　音色をつくり出すエンベロープ

ンセサイザーの音づくりの基礎であり、デジタル・シンセサイザーでも
同じ仕組みの音づくりがなされている（図 12 - 4）。エンベロープ・
ジェネレーターは、時間変化をともなう電圧をつくり出す装置といえ
る。鍵盤が押されてから音量が最大値まで立ち上がる時間を、アタック
タイムと呼ぶ。この部分を削除して聞くと楽器の違いが判別困難になる
ほど、アタックタイムは音色に大きな影響を及ぼす。サステインレベル
とは、鍵盤を押している間に持続する音量のことで、音量の最大値から
サステインレベルに到達するための時間をディケイタイムという。そし
て、鍵盤を離してから音が消えるまでの時間をリリースタイムという。
これらの組み合わせによって音色がつくられる。こうして合成されるア
ナログ・シンセサイザーの音には独特の音色があるため、現在ではアナ
ログ・シンセサイザーの機能がデジタル・シンセサイザーのなかに、ソ
フトウェアとして搭載されることがある。

208

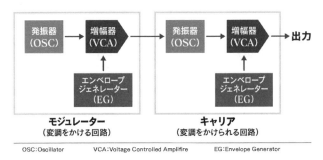

図 12 - 5　FM（Frequency Modulation）シンセシス（構成の一例）

　次に、デジタル信号処理技術を音響合成に活用したデジタル・シンセサイザーの代表的な音源方式を二つ、紹介する。そのひとつ、〈FM シンセシス〉とは周波数変調（Frequency Modulation）の仕組みを取り入れた音響合成の方法である（図 12 - 5）。キャリアと呼ばれる回路でつくられる波形を、モジュレーターと呼ばれる回路でつくった波形によって変調して音色をつくり出すという、ラジオの FM 放送と同じ原理である。これによって FM シンセシス独特の音色を得ることができ、初期のデジタル・シンセサイザーでよく使われた。

　また、実在の楽器の音をデジタル録音し、メモリに記録し、その波形を再生することによってさまざまな楽器の音色を出力する〈サンプリング音源方式〉のデジタル・シンセサイザーも普及している。最近のシンセサイザーは大容量のメモリを具え、さらにこうした音源ライブラリーをシンセサイザーに接続することによって、多くのリアルな楽器音を 1 台のシンセサイザーから出せるようになっている。さらに、これにフィルター、エンベロープ、モジュレーターなどを組み合わせることによって、より多様な音色の変化をつくり出すことができる。

4.　サンプリング周波数とメディア規格の変遷

　MIDI とは、ある意味で音楽のサンプリング（標本化）の一例といえる。次に、これも音のサンプリングであるデジタルメディアにおける〈サンプリング周波数〉について、メディア規格との関連で概観してみ

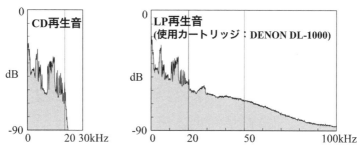

図 12 - 6　LP の 100 kHz を超える録音・再生能
（同じアナログマスターからつくられた CD と LP の同一箇所を再生して分析）

　よう。人間に聴こえる音の周波数の上限が 20 kHz を超えないことは、すでに 20 世紀初頭に行われた諸研究によって、議論の余地の少ない決着に至っている（第 2 章、第 6 章）。ただし、アナログメディアである LP の最盛期には、20 kHz を上回り 100 kHz に達する成分が再生可能な状態で記録されたディスクも存在していた（図 12 - 6、文献 5）。
　1970 年代のデジタルオーディオの実用化に際して行われた研究では、音声信号の伝送所要領域は一般に 15 kHz までで十分であり、それ以上の帯域成分は音質差の弁別に影響を及ぼさないという見解が国際的にほぼ一致して得られた。それらに基づき、CD では 44.1 kHz、DAT では 48 kHz というサンプリング周波数が国際規格として設定された。PCM 方式のデジタル録音ではサンプリング周波数の 2 分の 1 の周波数までが記録可能であるので、CD では 22.05 kHz、DAT では 24 kHz という記録周波数上限が規格として設定されたことになる。一方、スタジオエンジニアやミュージシャンのなかには、20 kHz 以上の周波数帯域が音質に影響を及ぼすという考え方が根強く存在していた。そのような状況のなかで、あらためて可聴域上限を超える超高周波成分が脳活性に及ぼす影響についての検討が行われ、〈ハイパーソニック・エフェクト〉が発見されたことは第 6 章で述べた。
　こうした実証研究を背景として、デジタルメディアの規格、とりわけそのサンプリング周波数の設定は大きな変化を遂げつつある。2000 年代に入って、サンプリング周波数 96 kHz（48 kHz まで記録再生可能）

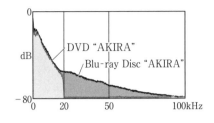

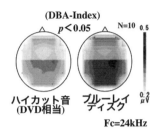

図 12 - 7　ブルーレイディスクに含
　　　　　まれる高周波成分の例

図 12 - 8　ブルーレイディスク
　　　　　視聴中の基幹脳活性

あるいは 192 kHz（96 kHz まで記録再生可能）のデジタル規格が実用
化され、〈DVD オーディオ〉や〈ブルーレイディスク〉の音声規格とし
て採用されている。また、高速標本化 1 ビット量子化方式（Direct
Stream Digital；DSD 方式）を採用した〈スーパーオーディオ CD〉
（SACD）は、理論上 100 kHz 以上の帯域まで記録再生可能である。

　2009 年に発表されたブルーレイディスク作品（192 kHz サンプリン
グ）と、同じ作品の DVD 版（48 kHz サンプリング）との同一箇所の
パワースペクトルを比較した（図 12 - 7）。DVD に記録されている信号
の周波数上限は 20 kHz 程度であるのに対して、ブルーレイディスクに
は 90 kHz に及ぶ超高周波成分が含まれている。このブルーレイディス
クを視聴している時と、そこから 24 kHz 以上の周波数成分をカットし
た従来の DVD 規格の音で視聴している時との視聴者の状態を基幹脳活
性化指標で調べると、ブルーレイディスクを視聴している時には、
DVD 規格の音の時に比べて基幹脳活性を反映する指標が有意に増強さ
れることが見出された（図 12 - 8、文献 6）。

　次に、厳密な心理学的手法に基づき、質問紙を使って音と映像の印象
を尋ねる実験が行われた。すると、超高周波を含むサウンドトラックの
ブルーレイディスクを視聴している時には、DVD 規格相当のサウンド
トラックの時と比べてより「音に感動した」「音質が良い」「音のボ
リュームがより豊か」「重低音が豊か」「耳当たりよく響く」「大音量で
も音の分離がよくつぶれない」と評価されていることが見出された（表

表 12 - 1　超高周波を含む音とそこから 24 kHz 以上の成分をハイカットした音との印象の比較（N＝9）

印象評価語	p 値
音に感動した	0.010*
音質が良い	0.016*
音のボリュームがより豊か	0.016*
重低音が豊か	0.017*
耳当たりよく響く	0.018*
大音量でも音の分離がよくつぶれない	0.040*

（* は、いずれも 5％以下で有意）

表 12 - 2　超高周波を含む音条件下とハイカット条件下の同一映像の印象の比較（N＝10）

印象評価語	p 値
映像に感動した	0.031*
画質が良い	0.040*
動画の動きが滑らか	0.052
絵の描写が精密	0.064
背景画がリアル	0.066
画面のきめが細かい	0.070
絵のニュアンスが豊か	0.071
画面に奥行を感じる	0.084
色彩が鮮やか	0.084

12 - 1）。加えて、この実験では常に同一のブルーレイディスク品質のハイビジョン映像を呈示していたにもかかわらず、映像の印象を尋ねると、超高周波を含むブルーレイディスクの音声とともに視聴している時には、DVD 規格の音の時と比べて、より「映像に感動した」「画質が良い」と感じられていることが明らかになった（表 12 - 2、文献 6 ）。これらの結果は、超高周波を含む音によって基幹脳が活性化することで生体の覚醒水準が向上して視聴覚の感受性が高まるとともに、報酬系神経回路が賦活されて美と快と感動が増幅されるという応答が、音ばかりでなく映像の享受にも及んでいることを示唆している。

　さらに、2010 年代に入ると、CD 以上の高品質の音を配信する〈ハイレゾリューションオーディオ〉のためのハードウェア、コンテンツ、そしてビジネスモデルも登場し、普及しつつある。この方式ではディスクメディアを使わず、高密度のオーディオファイルをインターネット経由でダウンロードし、専用再生装置あるいはパソコンを使って再生する。その後の研究により、基幹脳活性化効果のある超高周波帯域は 40 kHz 以上であり、40 kHz 以下の高周波には基幹脳活性を低下させる作用があることが見出されている（文献 7 ）。サンプリング周波数 192/384 kHz24/32 bitPCM、5.6/11.2 MHzDSD 方式などの規格であれば、ハイパーソニック・エフェクト発現に有効な 40 kHz を上回る超高周波成分

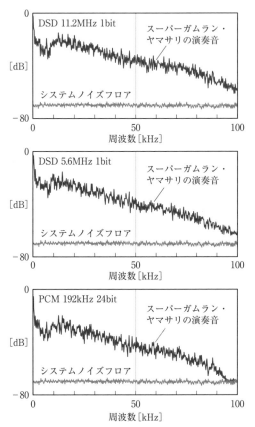

図 12 - 9　ハイレゾ音源に含まれる超高周波成分の例
（ハイレゾコンテンツ「超絶のスーパーガムラン・ヤマサリ」）

を記録することができる（図 12 - 9、文献 8 ）。

　このように、音楽をデジタル化する際の〈サンプリング周波数〉の不
適切な設定が、音楽の生命現象としての側面と不整合を生じかねないと
いう問題は、情報技術の進展によって克服の展望が開けてきた。ただ
し、超高周波を記録再生できるメディア規格であったとしても、そのコ
ンテンツに実際に超高周波が含まれているとは限らないことには注意を
要する。音源、収録、編集の全プロセスについて、超高周波帯域の情報
を保持した状態でコンテンツを制作することはまだ容易ではないからで
ある。音楽と生命現象との適合性という新しい観点からの研究が、コン

ピューターと音楽とを結ぶ技術開発とその実用化を加速し、音楽の現代
社会における意義をより大きなものとすることが期待される。

🎵 研究課題

12-1　MIDI 規格において音の長さや音色がどのように表現されるかを
　　　調べてみよう。

12-2　ハイレゾコンテンツ配信サイトをインターネットで検索し、無料
　　　試聴できるサンプル音源を試聴してみよう。

文献

1 ）　ジョン・ピアース：音楽の科学―クラシックからコンピューター音楽まで、
日経サイエンス社（1989）
2 ）　社団法人音楽電子事業協会監修、日本シンセサイザープログラマー協会編
著：ミュージッククリエイターハンドブック、ヤマハミュージックメディア
（2012）
3 ）　Shannon CE：A Mathematical Theory of Communication, Bell System Technical
Journal, 27(3)(4)(1948)
4 ）　三枝文夫：電子楽器　過去・現在・未来、ミュージックトレード社（2021）
5 ）　大橋力：音と文明―音の環境学ことはじめ―、岩波書店（2003）
6 ）　Nishina E, Morimoto M, Fukushima A, Yagi R：Hypersonic sound track for
Blu-ray Disc "AKIRA", ASIAGRAPH Journal, 4 (1) (2010)
7 ）　Fukushima A, Yagi R, Kawai N, Honda M, Nishina E, Oohashi T：Frequencies
of inaudible high-frequency sounds differentially affect brain activity：Positive
and negative hypersonic effects, PLOS ONE, 9：e95464（2014）
8 ）　大橋力：ハイパーソニック・エフェクト、岩波書店（2017）

13 | 人類本来のライフスタイルと
音楽・環境音
仁科エミ

　現時点で地球上に分布する音楽の状況を横断的に眺めることは、人類と音楽との関わりについて多くの情報を与えてくれる。一方、人類の誕生から現在に至る悠久の時間尺度のなかで人類と音楽との関わりを考察することも、多くの稔りを与えてくれると期待される。また、これまでの章で、多様な音楽の背景には多様なライフスタイルがあることも学んだ。そこで、人類本来のライフスタイルを今日まで伝えているといわれる熱帯雨林に暮らす狩猟採集民の合唱と、その対極にあるもののひとつ、調性を破壊した十二音技法による現代音楽との対比を通じて、音楽と環境音における〈本来〉と〈適応〉を考える。

1.　人類本来のライフスタイルとは

　あらためて人類史を振り返ってみると、人類の棲み場所とライフスタイルはあまりにも拡散し続けて、どのようなところが人類本来の生棲環境であり本来のライフスタイルであるのかがわかりにくくなっている。これはひとえに、現生人類が、進化史上空前に強化された適応の活性を獲得したことに関わる。これを背景として生み出された農耕牧畜（第一次産業）を起源とする〈文明〉は、その強力なバイアスによって、棲み場所を含むライフスタイル全体を自ら大きく変化させ続けてきた。それならば、文明化の度合いが無視できるくらい希薄で人類本来のライフスタイルを今なお守り続けている人びとが、他からの影響の少ない自然な状態で自律的に選ぶ棲み場所が見つかれば、それが人類本来の生棲環境の有力な候補となりうる。そしてそのような環境に棲む人びとによって演奏される音楽は、人間にとって本来的な音楽としての特性を色濃く宿

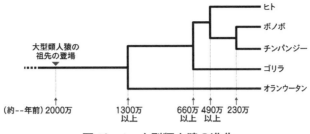

ヒト
ボノボ
チンパンジー
ゴリラ
オランウータン

大型類人猿の
祖先の登場

(約--年前) 2000万　　　1300万　　　660万 490万 230万
　　　　　　　　　　 以上　　　 以上 以上

図 13 - 1　大型類人猿の進化

している可能性が高い。

　この観点から、人類の進化の歴史を振り返ってみよう（文献 1）。

　35 億年ともいわれる地球生命の歴史のなかで、最初の動物の出現は約 6 億年前、最初の哺乳類の出現は約 2 億年前とされている。さらに、霊長類の出現は約 7000 万年から 5000 万年前、そして大型類人猿（オランウータン、ゴリラ、ヒト、ボノボ、チンパンジー）の祖先が登場したのは約 2000 万年前、その環境は〈熱帯雨林〉であると推定されている（図 13 - 1）。しかし、人類誕生の環境と目される熱帯雨林の自然環境条件下では化石が極めて残りにくいことから、人類登場の時期の推定は必ずしも容易ではない。アフリカ大陸の中央北部、チャド共和国から 2001 年に出土した 2016 年時点では最古の人類の化石サヘラントロプス・チャデンシスから、人類の登場は約 700 万年前までさかのぼりうることが示された。この出土地は現在は熱帯雨林ではないものの、その南方には広大な熱帯雨林帯が拡がっている点でも注目される。人類の化石は、アフリカ大陸中央の大熱帯雨林領域を取り囲むように、発掘に適した条件をもつ諸地点から見出されている。また、ミトコンドリア DNA 解析によって人類の進化系統樹を作成することが可能になり、現生人類共通の女性祖先はアフリカに存在したと推定されている。現在では、私たち現生人類の元祖は、約 16 万年前、アフリカ大陸熱帯雨林のどこかに誕生し、約 5 万年前からおそらくは何波かに分かれて地球上に拡がりつつ現在に至っていると考えられている。

　熱帯雨林の視聴覚情報環境は、地球上もっとも複雑で高密度な情報構

造をもっている。たとえば第5章で紹介したように、自然性の高い熱帯
雨林の音環境には、複雑に変化する超高周波成分が極めて豊富に存在し
ている（図5-7）。生物体の全体と同様に、その部分をなす〈脳〉も、
その「種」の棲み場所の環境に適合するように発達進化する（進化的環
境適応）と考えられているので、地球上もっとも複雑な構造・機能を有
する人類の脳は、もっとも複雑な構造をもつ熱帯雨林情報環境にもっと
も適合しているとも考えられる。

　一方、こうした人類の祖先が熱帯雨林での狩猟採集生活を捨てて農耕
牧畜を開始し、文明化の第一歩を踏み出したのは、1万2000年くらい
前とされている。つまり、過渡的過程あるいは適応的状態にあると解釈
される場合を除いた人類の標準的ライフスタイルは、森の狩猟採集民で
ある可能性が極めて高い。

2. 森の狩猟採集民・ムブティのライフスタイル

　狩猟採集民のライフスタイルとはどのようなものか。あまり知られて
いないその実態について、アフリカ中央部の広大な熱帯雨林イトゥリに
暮らす狩猟採集民ムブティ・ピグミーの生活を1980年代に調査した結
果を見てみよう（表13-1、文献1、2）。熱帯雨林の温度は約
20〜27℃、湿度は約65〜75％で、エアコンの初期設定の値に近く、そ
の快適性は、「熱帯夜」という言葉から連想される不快な温湿度とは程
遠いという。また、調査当時の日本人の食材は200種類以上で、その多
くは他の生態系から運ばれ、スーパーマーケットやコンビニエンススト
アで販売される。それに対して、ムブティの食材は300種類を超えてい
る。彼らは森のなかで移動生活をしており、おいしいものが密集してい
そうな場所に森にある素材を使って家をつくり、果実や木の実の採集や
狩猟を行う。そして、その周辺の食材をとり尽くす前に、つまり生態系
が再生余力を十分に残している状態で次の居住地に移動する。この豊か
な食生活の様子は、「レジの無いコンビニの中で生活するようなもの」
（文献1）と表現されている。ムブティの労働時間は1日平均4時間程
度といわれ、現代社会のそれと比べてかなり短い。余暇はおしゃべりや

表 13 - 1　現代文明社会の暮らしは人類本来の森の狩猟採集生活に近づこうとする高度な適応努力

	現代文明社会	イトゥリ森のムブティ（1980 年代）
すまいの エアコン	温度 23〜27℃くらい、湿度 50〜60% くらい（エアコンの初期設定）	温度 20〜27℃くらい 湿度 65〜75%くらい
グルメの 材料	植物　　　63 種　　他の生態系から 肉　　　　23 種　　運び、コンビニ 魚介　　125 種　　エンスストアに 計　　　211 種　　並べる	植物　　　79 種　　周囲の森にあ 肉　　　207 種　　り、おいしい順 魚介　　　22 種　　に調達 計　　　308 種
全盛の音楽 形式と楽し み方	16 ビート・ポリフォニックスタイル （一握りの専門家の芸を有料で楽し む）	16 ビート・ポリフォニックスタイル （演者観客の区別なく全員参加で楽 しむ）
何時間 働くか	約 5 時間/日	約 4 時間/日
エネルギー 消費は	100 万 kcal/人/日以上	約 3000 kcal/人/日

（文献 1 、 2 より作成）

歌、踊りなどに費やされる。狩猟採集社会に自殺や殺人が見られないことは、多くの人類学者が注目するところである。ムブティの社会では、こうした豊かな生活が 1 日およそ 3000 kcal 程度のエネルギー消費で成り立っているのに対して、現代文明社会では間接的な教育や戦争などに費やされるものも含めると推定 1 日一人あたり 100 万 kcal を超える莫大なエネルギーが消費されているといわれている。

　私たち人類は、熱帯雨林というその本来の生存環境から大きく離れ、適応を繰り返してきた。その結果として実現している現代文明社会の生活の実体は、実は狩猟採集生活に近似的に近づいていることは注目される。現代文明は科学技術を駆使し膨大なエネルギーを費やして、本来の環境に接近しようとする適応努力を続けている、という解釈も可能かもしれない。そして、このような狩猟採集民のライフスタイルは、その生活空間である熱帯雨林の開発や政府の定住化政策などによって、大きな変化を迫られている。そうした現実も無視することはできない。

3.　ムブティとパレストリーナのポリフォニーの共通性

　それではこうした狩猟採集民の人びとはどのような音楽を演奏し楽し

んでいるのだろうか。それは、もっとも人工性や適応性の少ない音楽の
ひとつの姿である可能性がある。第8章で紹介したように、現在も存在
するその代表例は、アフリカの熱帯雨林に暮らすムブティの音楽と考え
られる。ムブティが音楽の名手であり、その見事な対位法的ポリフォ
ニーによる合唱は、五線譜から見る限り、人類究極の対位法と称えられ
る〈パレストリーナ様式〉としての資格を十分に具えていることはすで
に紹介された（第8章図8-1参照）。演奏は、テーマ的なフレーズを一
人ひとりが自在に変奏しながら歌い継ぐ形の即興演奏で、これに手拍子
やリケンベ（親指ピアノ）が加わると、20世紀のポピュラー音楽が生
み出した最高傑作のひとつとされる16ビートのリズム構造がヘミオー
ラ（複合リズム）をともなって現れてくる。ムブティの音楽は、16世
紀に極みに達した人類最高のポリフォニー形式が20世紀に世界を席巻
した人類最強のリズムをまとった、究極の即興演奏といえる。ただし、
ムブティの場合、その音楽を演者観客の区別なく全員参加で楽しむのに
対して、現代社会では、同じスタイルの音楽を、一握りの専門家の演奏
をお金を払って楽しむ、という大きな違いが見られる。

　一方、パレストリーナの作品では、パレストリーナカーブと呼ばれる
なだらかで自然な音の上昇・下降による対位法的な構造がひとつの特徴
となっている。このパレストリーナの作品での各声部の音の進行は、当
時の対位法の理論に非常に厳格に従っている。具体的には、音から音へ
の移り変わりが、〈順次進行〉と呼ばれるつながりのよい滑らかな連続
性の上下動を単位にして組み立てられている。音と音とが離れて進行す
る場合にも、協和性の高い音程が使われ、生理的にも心理的にも音程の
とりにくい音高への跳躍は、まったく使われていない。

　こうしたルネッサンス対位法の原則は、ムブティに代表される人類諸
民族が自然発生的に歌い継いできた歌唱に通底する音の進行法則そのも
の、という注目すべき性質が浮かび上がってくる。つまりそれは、人類
共通の脳内感覚、言い換えれば人類の遺伝子に初期設定されたもっとも
自然性の高い音程進行を掘り起こしたものと見ることができる。歌いや
すく快適な音の進行をこのうえなく尊重したパレストリーナの旋律線

が、人類の本来性がもっとも濃厚な狩猟採集民たちの音程進行と共通するのは必然かもしれない（文献 3）。

4. 高度な適応を求める音楽の例——十二音音楽

　このような自然性の高い狩猟採集民の音楽とは対照的な、高度な適応を求める音楽の例として、20 世紀初頭にヨーロッパで生まれた〈十二音音楽〉を取りあげてみたい。

　十二音音楽は、〈無調音楽〉ともいわれる。無調音楽とは、〈調性音楽〉の反対概念である。調性とは、17 世紀から 19 世紀以後の西洋芸術音楽の基本的な性格をなす概念で、「音楽に用いられている旋律や和声が一つの音（主音）を中心としてこれに従属的にかかわっている場合、この音楽を調性のある音楽」（『標準音楽辞典』音楽之友社、1978 年より）という。民族音楽、いわゆるクラシック音楽、そして私たちが頻繁に耳にしている商業音楽のほとんど、つまり人類に共通する音楽という行動領域で古来使われてきた音組織の事実上すべては、このような性質をもつ調性音楽に該当する。調性のある音楽は確かに私たちになじみがあり、自然な音の配列に感じられる。一方、西洋芸術音楽でいう調性に従うと、特定の音や和音が中心的な役割を果たすことになり、音の配列は一定の秩序に支配される。そうした音秩序による束縛からの解放を求めて 20 世紀初頭に西欧で誕生したのが無調音楽であり、十二音技法は無調音楽を合理的につくり出すためのひとつの技法である。

　十二音音楽が登場した背景には、五線譜をもちいた作曲にともなう宿命的な限界、という問題が存在した。西洋芸術音楽では、作曲家は、他の作曲家がこれまでつくり出したものとは違う、過去に例のない音符配列のパターンをもった楽譜を記述しなければならない。楽曲の譜面を構成する符号配列が新規のものであると判定されたとき初めて、その曲は作曲者自身の作品として認められ、同時に、その符号の配列パターンは、他の作曲家のみならずしばしば自分自身にとっても、再び使うことができないものになる。五線紙上に音符を配列する自由度は、無限に近いように見えるかもしれない。とはいえ、人間の脳内感覚に基づく音階

や和声を重視し、有限の音符を操作する以上、いずれは音の組み合わせは底を尽き、新しい作品となりうる音符の配列は、論理的にも実際的にも実現困難になる。「作曲」という営みを脅かすこの深刻な問題に直面し、音の組み合わせの自由度を飛躍的に高めようと生まれた企てのひとつが、調性を解体して無調の音楽をつくり出す十二音技法ともいえる。

　十二音技法を体系化したのは、アルノルト・シェーンベルクである。その基本的な技法は、1オクターブのなかの12の音を任意に並べた音列をつくり、この音列に含まれる音を順番どおりにすべて使うまでは同じ音を2度重複して使わないところにある。これによって、1オクターブのなかの12の音すべてに、同じ音楽的な重要度が与えられる。音列の開始音は12あるので、1つの音列から開始音によって12の音列（基本形）が得られる。この基本形を最後の音から逆行させる音列（逆行型）も12、基本形の開始音を中心に鏡で映したように音高を上下逆転させた音列（反行型）、反行型の逆行型の音列も作成し（図13‐2）、それらシステム的に創出した48の音列を組み合わせ、「ハーモニー」と呼ばれる複数の音の併存を形成するなどして作曲が行われる。この音列のつくり方、そして組み合わせ方に、作曲家の腕前が表れる。もちろん機械的にそうした操作が行われるのではなく、必要とあれば恣意的に音列

（シェーンベルク・ピアノ組曲Op.25, 1921-23 から）

図13‐2　十二音音楽の作曲技法

を操作することもある。

　この技法によって、調性の拘束を離れて、音の配列についての自由度が圧倒的に高まり、誰も聞いたことがないような新規性の高い音の配列を合理的につくり出すことが可能になった。こうした十二音技法は、音符の視覚的にオリジナルな配列をつくり出すシステム的な技法にほかならない。楽譜に見えるものならばなんでも音楽として認める、という立場をとるならば、「まだ誰も楽譜にしていない」という意味での「新しい音楽作品」を作曲するうえでこうした方法論には確かに大きな貢献があった。しかしこの技法は、言い換えれば、生まれつきプリセットされている音に対する脳内感覚からいかにして離れるかという方法論でもあるといえる。

　以上のような音楽の展開を念頭において、あらためて人類にとって始原的なムブティの音楽と十二音音楽について、第9章で学んだ〈本来―適応モデル〉から検討してみたい。

　先に紹介した感性情報のパターン認識と〈本来―適応モデル〉（第9章図9-5参照）では、脳は感性情報の候補となる情報を受容すると、それを観測してまず特徴を抽出する。そして脳のなかにあらかじめ準備されている快感誘起情報のパターンと照合する。そこで直ちに一致が得られれば、快感を発生させる脳の回路に信号が送られ、美しさ、快さといった感性反応が引き起こされることになる。これに当てはまる入力は、適応を要しない快感のシグナルといえる。実際、知識・経験の有無を問わず、文化系統の違いも超えて、誰もが即座に快感を覚える傾向をもった音楽は、このタイプの典型といえる。自然発生的な祝祭パフォーマンスのなかには、こうした適応不要性の本来型パフォーマンスと考えられるものが多い。ムブティのポリフォニーは、その代表格といえる。パレストリーナのポリフォニーも、このカテゴリーに含めることができるだろう。

　それでは十二音音楽はどうだろうか。調性を感じさせないために人間の自然性に基づく音の配列から離れることを意図してつくられた十二音音楽は、人間の脳に生まれつきプログラムされている快感のモデル・パ

ターンと照合しても、そのままでは一致するものではない。音楽という音の人工物のなかには、先天的にセットされた音楽のモデル・パターンと不一致でも、「補正」や「学習」によって快感を発生させうる適応可能な音の組み立てはあるものの、そうした補正処理や学習をいくら重ねても脳内の快感のモデル・パターンとしての認定が不能な情報もあることを、このモデルは示している。十二音音楽があまり普及していない現状は、この形式がもしかしたら適応可能領域を超え、一種の適応不能領域に入っているかもしれないことを示唆している。つまりそれは、生物学的には音楽ではない音の集まりにほかならない。「脳の報酬系を活性化する音の配列を音楽と捉える」という生物学的な立場からすると、十二音技法のように、それが生物学的に音楽としての機能を発生させるかどうかを考慮せずに、音の組み立ての新規性だけを追求するという態度にはあらためて吟味が必要なのではないだろうか。

5. 〈本来・適応・自己解体モデル〉から見た音楽と環境音

　私たちを取り巻く音環境についてあらためて考えてみると、音楽だけでなく、自然環境音あるいは人間の営為によってつくり出されるさまざまな音も音環境の重要な構成要素となっており、音楽は音環境の一部とみなす方が適切とも考えられる。こうした観点から、あらためていくつかの音楽と環境音の周波数スペクトルを比較する（図13-3）。

　図の上段に、西欧のオペラ、日本の長唄そして狩猟採集民ムブティの歌声の周波数パワースペクトルをFFTによって分析した結果を示す。狩猟採集民の歌声には、時間平均で50 kHzに及ぶ超高周波成分が豊富に含まれ、MEスペクトルアレイ（第5章図5-6 (f)）を検討すると、瞬間的には100 kHzに達する超高周波成分が認められた。日本の長唄も超高周波成分を豊富に含んでいる一方、ベルカント発声によるオペラの歌声には可聴域を超える超高周波成分はほとんど含まれていない。

　図の中段には、いくつかの鍵盤楽器音の周波数パワースペクトルを示す。ヨーロッパの芸術音楽を代表するピアノ音に含まれる周波数は可聴

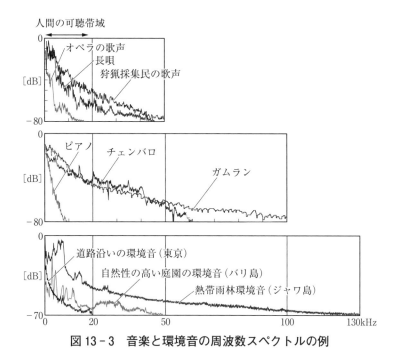

人間の可聴帯域

オペラの歌声
長唄
狩猟採集民の歌声
[dB]
0
−80

ピアノ　チェンバロ
ガムラン
[dB]
0
−80

道路沿いの環境音（東京）
自然性の高い庭園の環境音（バリ島）
熱帯雨林環境音（ジャワ島）
[dB]
0
−70
0　　20　　　　　50　　　　　　　　100　　　　130kHz

図 13 - 3　音楽と環境音の周波数スペクトルの例

域に集中しているのに対して、ピアノの祖形となったチェンバロやバリ島のガムランの音には、可聴域を超える超高周波成分が豊富に含まれている。歌声の周波数スペクトルと合わせて考察すると、西欧近代に属する文化圏の音楽とそれ以外の文化圏の音楽とでは、そこに含まれる周波数成分が異なる傾向があるように見受けられる。

　図の下段に、いくつかの環境音の周波数パワースペクトルの例を示す。トラックが通過している道路沿いの騒音環境では、環境音の上限が 20 kHz を超えることはまれである。この道路に面した遮音性の高いマンション等の屋内では、環境音はほとんど認められない。バリ島の庭園のような自然と調和した居住が実現している空間の環境音には、50 kHz 程度に及ぶ超高周波が含まれている。それに対して、自然性の高い熱帯雨林環境音では、100 kHz を上回る驚くべき超高周波成分が見出された。このような超高周波成分は、ボルネオやカメルーンの熱帯雨林でも見出されている（第 5 章図 5 - 7）。その発音源としては、森林に高

密度に生息している多様な昆虫類などが想定されている（文献4）。そうした環境で可聴域の騒音レベルを計測すると、都市における道路騒音並みの70 dB（A）を超える高い騒音レベルが計測される。ところが、そうした森の環境音は共通して、むしろ静寂に感じられると報告されている。

　なお、都市騒音には鋭いスペクトルピークをもつ人工超高周波成分が含まれることもある（文献5）。そうしたスペクトル構造は、自然性の高い環境音ではほとんど観察されない。第6章で説明したように、可聴域上限を超え高度な複雑性をともなう超高周波を含む音は、聴く人に〈ハイパーソニック・エフェクト〉を発現させ、間脳・中脳を含む脳の調節機能の中枢〈基幹脳〉の活動を高める。それによって、環境適応や生体防御をつかさどり健康と深く関わる〈自律神経系・内分泌系・免疫系〉の活動、そして美しさ快さをつかさどり感性や芸術と深く関わる脳の〈情動系〉、〈報酬系〉の活動を、連携して向上させることが見出されていることは注目される。

　以上の結果から、自然性の高い環境音や西欧文明圏以外の地球社会の音環境には、知覚限界を超える超高周波が豊かであるのに対して、近現代文明がつくる音環境のなかにはそれが著しく欠落しているという傾向が注目される。かつて人類を取り囲んでいた熱帯雨林のような高密度の環境情報は、現代の都市環境ではほぼ完全に失われているといっても過言ではない。人類の遺伝子と脳がその本来の生存環境のもつ高密度高複雑性環境情報に最適化して進化しているという原則を踏まえ、そして〈本来―適応モデル〉（第9章）の観点を導入すると、都市の音環境と熱帯雨林音環境との物理構造の乖離は、深刻な問題意識の対象になりうる。都市の音環境が適応可能領域を逸脱し、適応不能領域に踏み込んでいないか、なんらかの環境不適合状態に起因するマイナスの影響、たとえば一種の情報的な栄養失調状態が生じていないかどうかを検討する必要があるといわなければならない。

　目を転じてみると、都市化すなわち文明化にともなって、生活習慣病、発達障害、行動障害などのいわゆる現代文明に特徴的な病（現代

病）が深刻化している。そして、脳・神経系と身体すなわち内分泌系・免疫系などの結びつきが注目され、健康あるいは疾病が基幹脳の働きと深く関わっていることを裏付ける材料が、近年、増え続けている。それは、都市化によって変容した情報環境が、基幹脳の活性不全を引き起こし自己解体プログラムの引き金を引いているのではないかという仕組みを想起させる。また、発達障害や精神と行動の障害などについての研究から、それらの病理のいわば「元栓」が、ハイパーソニック・サウンドによって活性が向上しそれがないと活性が衰えたり乱れたりする基幹脳領域に集中していることが、期せずして次々と明らかになっている。

　言い換えれば、ハイパーソニック・サウンドを著しく欠乏させている現在の都市情報環境の特徴と、基幹脳活性の不全に基づくこれら文明の病理とが無関係であるという根拠を、私たちはもっていない。あたかも無味・無臭・無色で微量のビタミンを欠落させた食生活が脚気や壊血病の原因となるように、知覚できない超高周波成分の喪失が一種の情報的栄養失調状態をもたらし、都市居住者の基幹脳の慢性的活性低下を招いている可能性を否定することは困難といえる。

6.　都市環境にハイパーソニック・サウンドを付加する効果

　これらの知見と問題意識に基づいて、都市化文明化によって変容し自己解体の引き金を引くおそれを宿すようになった情報環境を、本来の情報環境になんらかの形で近づけることによって、適応ストレスを減少させ、脳と情報環境との不適合状態を改善することができるのではないかという仮説を立てることができる。音でいえば、ハイパーソニック・エフェクトをもたらす〈ハイパーソニック・サウンド〉を都市の音環境に補うことによって、より快適で健康な本来の生存に接近できるかもしれない。

　この仮説に基づき、情報技術を活用して実在の市街地にハイパーソニック・サウンドを流し、その効果を測る実証実験が行われた。対象となった市街地の環境音は、20 kHz 以下の成分しか含まれていない典型

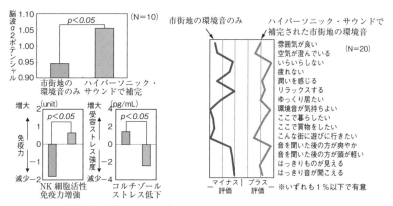

図 13 - 4　都市情報環境にハイパーソニック・サウンドを補完する実証実験

的な都市環境音になっていた。ここに、熱帯雨林で収録された超高周波
を豊富に含む環境音を素材として編集されたオリジナルなハイパーソ
ニック・サウンドを流し、その生理的心理的効果が計測された。する
と、基幹脳活性と高い相関のある脳波 α 波パワーが統計的有意に増大
し、基幹脳の活性化が示唆された。また、がんなどの一次防御に機能す
る〈NK 細胞活性〉が高まるという免疫力の上昇や、〈コルチゾール〉
や〈アドレナリン〉といったストレスホルモンの低下が認められた。心
理的な印象としては、ハイパーソニック・サウンドが補完された街の環
境音は、より雰囲気がよく、いらいらせず、気持ちよく、ここで暮らし
たいと感じられ、しかも音を聴いた後の方が爽やかで頭が軽くなり、
はっきり音が聴こえたりものが見えたりする、つまり、快さや安らぎだ
けでなく、知覚の鋭敏化ももたらされることが示された（図 13 - 4、文
献 6 ）。

　騒音環境において、超高周波成分付加による音環境改善効果も研究さ
れている。たとえば鉄道の列車のなかでは、騒音レベルが高いうえ、ア
ナウンスが「うるさいのに聴き取りにくい」といったクレームが多いと
いう。そうした列車の環境音に、熱帯雨林環境音から抽出された聴こえ
ない超高周波だけを再生付加して音の印象を評価する実験が行われた。
その結果、音環境に対するマイナスの評価がすべての項目でプラスに転

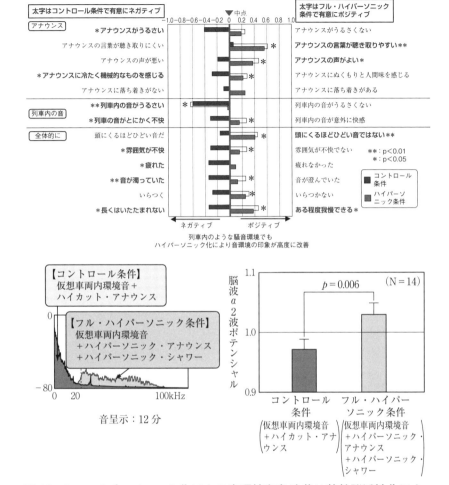

図 13－5　ハイパーソニック化による音環境印象改善は基幹脳活性化によってもたらされる

じ、アナウンスの言葉は聴き取りやすく、よい声に感じられることがわかった。音環境に対する不快感もかなり緩和された。同時に行われた脳波計測の結果、列車内騒音環境に超高周波成分を付加呈示することによって基幹脳の活性が高まることが、高い統計的有意性のもとに示された（図 13－5、文献 7 ）。こうした生理反応を反映して、環境に対する好感度・高評価という心理的反応が現れたものと考えられる。

　これらの結果は、文明化によって遺伝子に定められた本来の環境から離れ、適応が必要な環境に移行し、さらには適応不能領域へと踏み込みつつあるかもしれない現代文明の情報環境を、音あるいは音楽によって実効的に本来の情報環境に近づけるという方略が成り立つ可能性を示唆している。ハイパーソニック・エフェクトを視野に入れた環境音や音楽の都市生活への導入は、文明の病理を克服し健やかな生活を実現するうえで、新しい役割を担うことになるのではないかと期待されている。

研究課題

13-1　アルノルト・シェーンベルク、カールハインツ・シュトックハウゼン、ピエール・ブーレーズなどによる十二音音楽やそれを発展させた〈セリー形式〉の作品を CD などで聞き、これまで自分が耳にした音楽と比較してみよう。

13-2　身近なさまざまな環境音に耳を傾け、どのようなものがその音源になっているかを書き出し、自然性の高いもの、人為性の高いものに分類してみよう。

文献

1)　大橋力：ハイパーソニック・エフェクト、岩波書店（2017）
2)　大橋力編著：人間と社会環境、放送大学教育振興会（1989）
3)　大橋力：音楽のなかの有限と無限(1)、科学、Vol. 81、No.7（2011）
4)　F A Sarria-S, G K Morris, J F C. Windmill, J Jackson, F Montealegre-Z：Shrinking Wings for Ultrasonic Pitch Production：Hyperintense Ultra-Short-Wavelength Calls in a New Genus of Neotropical Katydids（Orthoptera：Tettigoniidae）, PLOS ONE, 9：e98708（2014）
5)　蘆原郁：身のまわりにある超高周波音の実態調査、日本音響学会誌 65 巻 1 号（2008）
6)　仁科エミ、大橋力：超高密度高複雑性森林環境音の補完による都市音環境改善効果に関する研究、日本都市計画学会都市計画論文集、No.40-3（2005）
7)　小野寺英子、仁科エミ、中川剛志、八木玲子、福島亜理子、本田学、河合徳枝、大橋力：ハイパーソニック・コンテンツを活用した駅ホーム音環境の快適化—高複雑性超高周波付加の心理的生理的効果について、日本バーチャルリアリティ学会論文誌、18（3）（2013）

14 | 情報医学・情報医療の枠組みと可能性

本田　学

　本章では、音楽や映像を含む感覚感性情報によって導かれる脳神経系の反応を医療に応用する〈情報医学・情報医療〉という新しい試みについて紹介する。情報医学や情報医療の背景にある生体機構を理解するとともに、物質面から健康にアプローチする従来の物質医学と、脳の情報処理の側面から健康にアプローチする情報医学との違いや特徴について理解することを目標とする。また、情報医学・情報医療が健全に発展していくために解決すべき課題について学ぶ。

1.　情報医学・情報医療とは

　〈情報医学・情報医療〉という聞き慣れない言葉から、何をイメージするであろうか。多くの人は、たとえばバーチャル・リアリティ技術をもちいた遠隔診断・遠隔治療や、人工知能をもちいた創薬シミュレーションやビッグデータ解析など、高度情報科学技術を駆使した医学・医療をイメージするかもしれない。一方、近年、情報と生命現象との関係性に着目しつつ、これとは異なった意味で〈情報医学・情報医療〉という枠組みが提唱されている。本節では、情報医学・情報医療とはどういうものか、その概要を紹介する。

　まず、生物すなわち「生命あるもの」と、単なる物質の寄せ集めとを隔てる特徴について考えてみる。その決定的なひとつが、「生命あるもの」は自分とそっくりの子孫をつくって増殖する機能をもっていること、すなわち〈自己複製〉が可能であることである。そしてもうひとつが、整然と秩序だった化学反応が行われ、時間とともに乱雑さが増大しないこと、すなわち〈自己組織化〉が可能であることである。これらを

実現するためには、自分自身がどのように構成されているかについての
情報、すなわち設計図の情報が必要不可欠である。「生命あるもの」は、
これら設計図の情報を遺伝情報として細胞内に保有している。すなわ
ち、「生命あるもの」と単なる物質の寄せ集めとを隔てる決定的な要因
のひとつが〈情報〉の存在であり、情報は生命活動にとって本質的な意
味をもつ。言い換えると、「情報なくして生命なし」である。

　こうした情報現象と物質現象との一体化がもっとも顕著に認められる
臓器が脳である。脳における情報処理の素過程を担っているのは化学反
応、すなわち物質現象にほかならず、五感を介して脳に入力される情報
は、脳の特定の部位に特定の化学反応を引き起こす。このことを、「脳
における物質と情報の等価性」と呼ぶ。言い換えると、脳の物質的側面
と情報的側面とは、同一の生物学的現象を異なる角度から眺めたものと
捉えることができる。

　そこで、「脳における物質と情報の等価性」を踏まえて現代医学の諸
相を眺めてみると、とくに精神・神経疾患に対するアプローチに顕著に
見られるように、それらは大きく二つのグループに整理することが可能
である（図 14 - 1）。ひとつは、化学反応で駆動される臓器としての脳
の特性に着目し、物質次元から病態解明と治療法開発にアプローチする
手法である。これら全体を〈物質医学〉と呼び、とくに治療に関連した
ものを〈物質医療〉と呼ぶことにすると、現代医学の主流をなしている
ものは物質医学・物質医療といえる。生命現象はすべからく分子反応に
よって駆動されているという事実に立脚し、生命現象を分子メカニズム
の連鎖として記述し、分子反応に直接介入する物質医学・物質医療は、
多くの疾患に対して顕著な治療効果を発揮し、人類の平均寿命の延長に
大きく貢献してきたことは周知の事実である。

　その一方で、物質医療が副作用と効果の両面で大きな限界に直面して
いるのも事実である。たとえば物質医学の大きな柱となる薬物療法の場
合、生命現象を構成する複雑精緻を極めた生化学反応網に、本来生命が
出逢ったことのない異物で強制的に介入するという側面をもっている。
このことは、悪性腫瘍に対する化学療法に典型的に見られるように、し

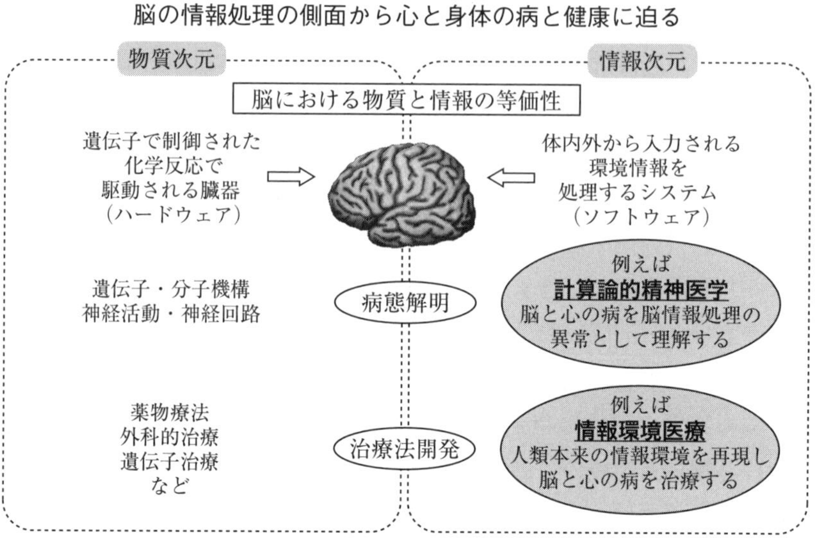

脳の情報処理の側面から心と身体の病と健康に迫る

図14−1　情報医学・情報医療とは

ばしば〈有害事象〉〈副作用〉〈薬害〉などといった形で姿を現し、時として疾患自体に対する治療効果よりも、はるかに甚大な生命の危険を招くこととなる。こうした副作用の問題に加えて、精神・神経疾患のような「心の病」に対する治療薬の開発に典型的に見られるように、その有効性についても大きな懸念を抱かざるをえない事態となっている。たとえば、世界の有力な大手製薬企業が次々と認知症の治療薬開発から撤退しつつあることが報じられている。認知症は高齢化社会の進行にともなってもっとも優先的に解決すべき健康問題のひとつであることは言うまでもなく、治療薬の開発は喫緊の課題であると同時に、その成功は莫大な経済的利益を約束する。それにもかかわらず多くの製薬企業は、少なくとも現状では、投資に見合うだけのリターンを得ることが困難と判断しているのである。このことは、それだけ有効な薬剤の開発が困難であることの裏返しともいえる。

　こうした物質医学に対して、発想を異にする一群のアプローチが存在する。それは、脳が体内外の環境情報を捉えて処理し、環境に働きかける情報処理装置としての特性をもっていることに着目し、情報次元から

さまざまな精神・神経疾患の病態解明と治療法開発にアプローチする手法である。これら全体を〈情報医学〉と総称し、とくに治療法開発に関連した部分を〈情報医療〉と呼ぶ。

　たとえば近年進展が著しい計算論的精神医学は、精神症状が生じるメカニズムを脳における情報処理プロセスの異常として理解しようとするものである。治療法開発においても、薬剤抵抗性の強いうつ病や不安障害に対して有効性が認められている認知行動療法や、〈見る〉〈話す〉〈触れる〉〈立つ〉を骨格としたユマニチュードケアなどは、情報次元から脳活動にアプローチし、顕著な治療効果を示す実例として注目される。さらに最近では、患者が自分自身の脳活動パターンを fMRI などでモニターしつつ、それを健常者の脳活動パターンに近づけることによって精神症状の軽減を目指す Decoded Neurofeedback（デコーデッド・ニューロフィードバック技術）に代表されるような IT 技術を駆使した介入治療法「デジタル・セラピューティクス（DTx）」への注目が著しく高まっているが、これも情報医療の一形態と呼ぶことができる。

2. 生命と情報

　情報医学・情報医療について考えるための基礎工事として、これらの枠組みの母体となった〈情報環境学〉の視点に基づき、生命と情報との関係を整理しておく（文献 1）。

　1980 年代、研究者にとって理想的な環境として設計・構築されたはずの筑波研究学園都市において研究者の自殺が多発した社会病理現象「筑波病」についての問題意識が引き金となり、〈情報環境学〉というフレームワークが大橋力らによって体系化された。一言で要約するなら、それまで環境を捉える尺度としてもちいられてきた物質とエネルギーに、新しく情報という尺度を加えて、それらを一体化して総合的に環境を捉える枠組みが、〈情報環境学〉である。

　情報環境学においては、〈情報〉という概念を自然科学的に適切に使いうるかどうかが大きな鍵を握っている。科学的概念道具として見た場合、情報は必ずなんらかの物質やエネルギーが関わる物理現象にとも

なって存在しているにもかかわらず、それらの具体的な物理現象から切り離して抽象化することにより、記号として操作することが可能である。この点に、いわゆる情報の特質があり、多くの情報科学はそうした枠組みのなかで情報を扱っているということを情報環境学は指摘する。冒頭に述べた高度情報科学技術もその例外ではない。

しかし、抽象化の過程で物質・エネルギーとの関連が断ち切られてしまうと、物理的拘束から解放され概念操作の自由度が一挙に高まる一方で、情報による生命現象への影響を検討対象とするうえで、その有効性に著しい限界を生じてしまう。そこで情報環境学では、「情報現象を生命物質現象と対応させる」という原理的手法が提案されている。このことは、現存する地球の生命現象が、究極的にはすべて化学反応の過程に還元することができると同時に、自己を複製し増殖するという生命の基本的な機能を支えるのは情報（遺伝情報）である、という特性に基づいている。したがって情報環境学では、まず〈情報〉概念の適用範囲を環境と生命との相互作用の領域内に限定する。そのうえで、情報を、生命になんらかの反応を引き起こす可能性をもった時間・空間的パターンに関する科学的概念と定義している。さらに、情報現象とはなんらかの生体内化学反応に対応しなければならない、という資格条件を導入している。

このように生命にとっての情報を定義することにより、情報現象は化学的過程という物質現象と両義性をもちうることになり、その両面からのアプローチを一体化させることによって、物質科学に近い有効性、信頼性への道を拓くことが可能となる。それと同時に、「情報のもつ価値」を「生命にとっての価値」と結びつけて検討する道が拓かれるのである。

そこで情報医学・情報医療においても、その母体となった情報環境学に従って、〈情報〉を「生物になんらかの物質反応を引き起こす可能性をもった時間・空間的パターン」と定義し、生命現象と対応づけることが可能な範囲に限定することとする。さらに、ここでいう生体内化学反応を、①遺伝子制御を含む代謝調節系の活動、②化学的メッセンジャー

系（分子通信系）の活動、③シナプス伝達系の活動、のいずれか、または それらいずれかの組み合わせに限定する。そして、情報の処理過程や それによって得られる効果が、上記の生体内化学反応によって導かれる 生物学的反応と対応づけて理解し検証できるものだけを情報医学・情報 医療の対象とする、という制約条件を課すのである。このことによっ て、情報現象を物質現象に翻訳することが可能になり、物質医学に匹敵 する堅牢な客観性・定量性・再現性が情報医学に具わることが期待され るのである。

3.　脳における物質と情報の等価性

　このように生命と情報との関連を整理したうえで、情報医学の基盤と なる脳における物質と情報について、あらためて吟味しておく。第 2 章 で詳しく解説したように、脳では、互いに連結した多数の神経細胞間で 情報を伝達するときに、伝達効率を変化させたり、情報の集約と分散を 行うことにより、複雑な情報処理を可能にしている。神経細胞間の情報 伝達にはさまざまな機構があるが、代表的なシナプス伝達を見てみる と、軸索を通って活動電位として伝わってきた情報は、シナプスにおい て一度神経伝達物質という化学物質のシナプス間隙への放出に変換され る。シナプス間隙に放出された神経伝達物質は、受信側の神経細胞の表 面にある受容体に結合することにより、微小な細胞膜電位の変化を引き 起こす。こうした複数の微小な電位変化が重畳することにより、受信側 の神経細胞が活動電位を発生するか否かが決定され、活動電位を発生し た場合は、次の神経細胞へと情報が伝達されることになる。このよう に、脳における情報処理を担っているのは化学反応にほかならず、脳の なかでは物質と情報が原理的に等価であるということができる。

　こうした機構を反映して、動物に特定の物質を与えることによって引 き起こされる脳機能の異常を、情報によって引き起こすことが可能であ ることが知られている。たとえばうつ病に対する新たな治療薬開発のた めに作成された病態モデル動物として、足をかけるところのない平滑な 表面をもった水槽のなかに動物を入れることによってうつ状態を誘導す

る絶望状態モデルや、マウスが好む走行リングにモーターをつけ強制的に走らせることによってうつ状態を誘導する強制走行モデルなどが知られている。これらの病態モデル動物が呈する症状は、動物にレゼルピンという薬剤を投与した時の症状と極めて似ており、特定の情報の入力と特定の化学物質の投与とが等価であることを示すものと考えられる。

　特定の情報入力が化学物質である薬剤と同様の効果を示しうることは、プラセボ効果の発現メカニズムに関する近年の研究が注目すべき知見を提供してくれる。それによると、プラセボによる鎮痛効果は、強い鎮痛薬であるモルヒネを投与した時に活性化されるオピオイド神経系が、実験手続きや文脈、暗示などの情報によって活性化されることによって発生し、オピオイド神経系を遮断する薬剤によって鎮痛効果が消失するのである。このことは、従来、不適切な情報操作によって導かれる心理的なバイアス、あるいは「気のせい」と考えられてきたプレセボ効果の実体は、情報によってモルヒネが作用する神経回路を活性化して、モルヒネと類似の薬理効果を発揮するものであることを示している。それどころか、オピオイド神経系を活性化する内因性の神経伝達物質βエンドルフィンの薬理効果は、モルヒネの30倍以上であることを考えると、モルヒネを投与するよりはるかに高い効果を、情報によって誘導することすら期待できるのである。

　一方、情報の欠乏についても、生体になんらかの物質反応を引き起こすことが知られている。群れ型動物であるサルやチンパンジーなどの子どもを、小さい頃から家族から引き離し親子間のコミュニケーション情報を遮断した状態で育てると、自閉症や統合失調症に似た症状を呈することが知られているが、同じような状態は、アンフェタミンなどの化学物質を投与することによってもつくることができる。人間の場合も、幼少期にネグレクトなどの虐待を受け、親から受け取るコミュニケーション情報が極端に制限されると、オキシトシンやバゾプレッシンなど社会性の形成に関連の深い神経ペプチドの分泌が減少するなど、物質的な異常をきたすことが知られている。

　さらに、かつて行われた感覚遮断実験は、脳における情報の意味を考

えるうえで、極めて示唆に富んでいる。それらの実験では、目隠しや耳栓などにより視聴覚情報を遮断し、体温と同じ温度で、人間の身体と同じ比重をもった液体のなかに被験者を入れることにより、温度や重力の情報までも遮断する手法がとられた。このように五感から脳に入力される感覚情報を極端に制限すると、健常な若年被験者が、数分のうちに幻覚妄想を覚えるようになり、数十分のうちに錯乱状態になったことが報告されている。このことは、脳はなんらかの情報が入力されたときだけ活動するのではなく、意識できるか否かにかかわらず、五感から入力される感覚情報を常に処理し続けており、それらの情報入力が高度に遮断されると、もはや正常に機能しないことを示唆している。

4. 情報の安全・安心・健康

　脳における物質と情報の意味を踏まえて、情報が人間の健やかな生存に及ぼす影響を吟味してみると、物質が及ぼす影響についての検討と比較して、大きな落差があることに気づく（表 14 - 1）。まず、人間が健やかに生きるために、「あってはならないもの」を比較してみる。物質領域では、許容される安全域が客観的数値によって網羅的に定められており、客観的基準を導くことが困難なものについても、少なくともそうした基準を確立することの重要性は万人が了解しているといってよい。

表 14 - 1　安全・安心・健康面からの物質と情報の検討状況

	物質	情報
あってはならないもの	環境化学物質、毒物などについて厳密に数値化（ダイオキシン TDI 許容量 1 〜 4 pg/kg/日など）	有害な情報について一部で検討開始（騒音、低周波公害、ポケモン事件など）
なくてはならないもの	必須栄養素、薬品などについて厳密に数値化（ビタミン B12 推奨摂取量 2.4 μg/日など）	必須情報についてはこれまで検討された形跡がない
人間の適応可能性	適応できる範囲があり、それを超えると病気になると考えられている（無理なものは無理）	どんな情報でも多少我慢すれば適応できると暗黙に考えられている（なんでも OK）

一方、情報の領域を見てみると、たとえば騒音や低周波公害といった一部の有害な情報についての検討が始められているが、いまだ萌芽的なレベルにとどまっている。

　さらに、健やかな生存のために「なくてはならないもの」を見てみると、物質領域では、たとえば必須栄養素のように、健康な生存を維持するうえで不可欠の要因が存在することが広く認識されており、それらをできるだけ網羅的に客観的指標で記述しようという努力が継続して行われている。しかし情報の領域では、ある種の情報が欠乏すると健康を維持することができないといった発想自体、自然科学の枠組みのなかで従来検討された形跡を見ることができない。先に紹介したように、脳に入力される情報を高度に遮断すると、人間の脳は短時間で正常に機能しなくなるにもかかわらず、である。こうした〈必須情報〉に関する検討は、安全性や健康に対する影響を考えるうえで、大きな空白地帯となっていると言わざるをえない。

　加えて、人間がどのくらい適応できるかについての認識も、物質と情報との間に大きな隔たりがあることに気づかされる。物質に関しては、人間の適応可能範囲は有限であり、それを超えると健康が損なわれ、場合によっては生存不能になることは周知の事実となっている。しかも、その範囲は学習や努力・我慢・慣れなどで大きく変化するものではないと捉えられている。有毒物質による健康被害を、本人の学習や我慢が不足したせいだと考える人はいないであろう。この有限性に関する融通のなさ、すなわち「無理なものは無理」という認識は、安全性を考えるうえで極めて重要である。これに対して情報の場合、音楽や絵の好みが人によって違うように、脳に入る感覚情報がたとえどのような情報であっても、「多少我慢すれば慣れて適応することができるはずである」という暗黙の認識が支配的であるといえよう。そこでは、「適応できる範囲には限界がある」という物質領域では常識となっている安全範囲についての認識が、必ずしも一般的に受け入れられているとは言いがたい。

　このように整理してみると、物質に比較して情報の安全・安心・健康対策は、科学的検討、社会的関心、倫理的対応のいずれもが極めて不十

分な段階にあることがわかる。

5.　情報環境医療のコンセプト

　ここまで述べてきた問題意識を踏まえて、「人類の健康にとって必須の情報」について検討してみる。まず、人間が生きていくためになくてはならない物質、すなわち必須栄養素は、人類が進化の過程で摂取してきた天然食品のなかに包括的に含まれているのと同じように、人類の生存を維持するうえで必要な情報は、現生人類の遺伝子が進化的に形成され発達してきた天然の環境のなかに包括的に含まれている、という仮説を立てた。そして、人類の遺伝子が霊長類から進化的に形成されてきたアフリカの熱帯雨林の天然の環境情報と、文明病と総称されるような環境病が蔓延している都市の人工的な環境情報との違いを、とくに電子的に記録・解析・再生が容易である音情報の面で調べた。

　その結果、都市の環境音は、屋外屋内を問わず、周波数成分が 20 kHz 以下の人間の可聴域に集中しており、20 kHz 以上の非可聴域成分は極めてまれであるのに対して、熱帯雨林の自然環境音は 20 kHz 以上の人間の耳に聞こえない超高周波を非常に豊富に含んで複雑に変化することが明らかになった（詳細は第 13 章参照）。さらに、こうした超高周波を豊富に含む音は、それを聴く人の中脳・間脳などの脳深部と、そこを拠点として前頭葉に拡がる報酬系神経回路を活性化することにより、音を美しく快く感じさせるとともに、そうした音をより強く求める接近行動を引き起こし、同時に免疫系の活性化やストレスホルモンの低下といった全身の生理反応を導くことが明らかになり、ハイパーソニック・エフェクトと名付けて報告した（図 14 - 2）（詳細は第 6 章参照）。

　ハイパーソニック・エフェクトによって活性化される中脳・間脳には、神経細胞の小さな集団である神経核がたくさん含まれていて、それぞれが生命活動を維持するうえで重要な働きをしている。生命現象にとって基幹的な脳機能が集約された場所という意味で、この部位は〈基幹脳〉と呼ばれている。基幹脳の機能異常は、最近、都市化や文明化にともなって急速に蔓延しているさまざまな現代病と直接あるいは間接の

240

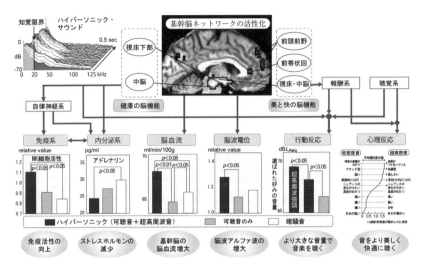

図14-2　ハイパーソニック・エフェクトとは（図6-2再掲）

　関係をもつことが注目されている。たとえば、中脳から前頭葉に投射す
るモノアミン神経系の機能低下はうつ病と密接に関連している。また、
間脳の前方にあるマイネルト基底核およびそこから大脳皮質に投射する
広範囲調節系であるアセチルコリン神経系の機能低下は、アルツハイ
マー病の症状と密接な関連をもっている。さらに、ストレスによる視床
下部の機能異常は、自律神経系と内分泌系の異常を引き起こして高血
圧、糖尿病をはじめとするさまざまな生活習慣病の原因となるだけでな
く、免疫系のバランスを崩してがんの発症を促す。
　このように、現代人を取り巻く情報環境が、人類の遺伝子や脳が進化
的につくられた本来の情報環境から乖離することによって引き起こされ
る環境ストレスと脳機能の慢性的な失調が、精神と身体の健康にネガ
ティブな影響を及ぼしている可能性が浮上するのである。そこで、熱帯
雨林型情報環境と比較して、現代人を取り巻く都市型情報環境に大きく
欠落している情報を、先端的メディア技術を駆使して補完する〈情報環
境エンリッチメント〉の手法をもちいることにより、脳活性を適正化
し、さまざまな心と身体の病理の治療と予防を図るという新しい健康・

医療戦略が構想された。それが情報医学・情報医療のひとつ〈情報環境医療〉である。

　生存に必須だが欠けている情報、いわば物質世界のビタミンに相当する情報を環境に補完するという情報環境医療のコンセプトは、さまざまな治療環境、療養環境、介護環境だけでなく、私たちが過ごすあらゆる日常空間に当てはめることが可能である。同時に、この手法は多くの現代医療にアドオンして実施することが可能であり、従来医療を妨げるものではない。

6.　情報環境医療の可能性

　現在、情報環境医療の開発に向け、情報環境エンリッチメントをもちいて、認知症行動・心理症状やうつ病、アルコール依存症などさまざまな疾患を対象とした臨床研究と、齧歯類をもちいた効果発現メカニズムや安全性の基礎的検討とが並行して進められている。それらのなかから、臨床研究と動物実験の結果をひとつずつ紹介する。

　まず臨床研究の一例として、熱帯雨林の音を認知症の患者の生活空間に流して音環境を天然型に戻すことがもたらす、認知症の行動・心理症状、つまり興奮や不穏、徘徊といった行動面・心理面の症状に対する効果を紹介する。高齢化にともない年々患者数が増加する認知症の克服は、現代日本社会が直面する最大の課題のひとつである。とくに、興奮・不穏・徘徊といった認知症行動・心理症状（Behavioral and Psychological Symptom of Dementia；以下 BPSD）は、認知症患者の 50〜90％に認められるともいわれ、認知症の介護・治療において重要な位置を占める症状である。しかし、認知症の BPSD に対して現在保険適応のある薬物はほとんどなく、薬物療法を行ったとしても効果が不十分な場合が少なくない。さらに、認知症を有する高齢者では、過鎮静、誤嚥、低血圧、脱力による転倒・骨折など薬物による有害事象を引き起こしやすいため、特に軽症の BPSD については非薬物療法を優先して進めることが望ましいと考えられている。これまで BPSD の非薬物療法としては、認知刺激療法、回想法、運動療法など、いくつかの治療法が

提案されているが、総じて効果は十分といえず、科学的妥当性の高いエビデンスに基づいた有効な非薬物療法の開発、および客観的な効果測定方法の開発は、認知症克服のための重要な課題のひとつとなっている。そこでこの研究では、認知症の患者が入居されている介護施設やグループホームのデイルームに、毎日朝6時頃から夜8時頃まで、熱帯雨林の音を4週間流し、その前後で行動・心理症状がどのように変化したかをNPI-NH という評価尺度をもちいて調べた。

　その結果、11名中6名において、セラピー前後で NPI-NH スコアの改善が認められ（図14-3左）、8例で介護負担度が軽減することがわかった。デイルームに熱帯雨林の音を流すことによって、患者自身の症状が改善すると同時に、同じくその音を聴いている介護者のストレスが改善し、それによって症状変化を上回る介護負担度の改善が得られたと推測される。さらに、治療開始時の NPI-NH のスコアと症状の改善には統計的有意な正の相関が認められ、重症の患者ほど改善の程度が大きいことが示された（図14-3右）。とくに、介入前の BPSD 症状が重症の症例（NPI-NH スコア>30）と、中等症以下の症例とを比較すると、重症例ではより顕著な改善を示すことがわかった。また症状別に見てみると、妄想、幻覚、無関心といった項目での改善が見られた。この結果は、介護施設の情報環境エンリッチメントが、認知症患者の行動・心理症状に無視できないポジティブな影響を及ぼす可能性を示しており、今後治療や介護の情報環境を設計するうえで、重要な手がかりになると考えられる。

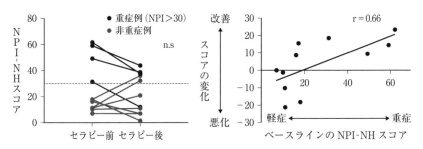

図14-3　情報環境エンリッチメントによる認知症の行動・心理症状の変化

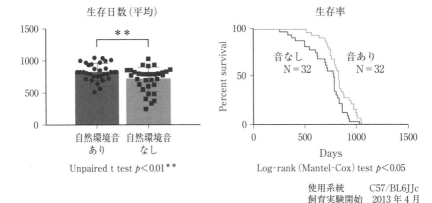

・自然環境音を聞かせながら飼育すると平均寿命が最大約17%延長
・平均寿命80歳の人間に換算すると13歳の寿命延長

図14-4　音環境を豊かにするとマウスの寿命が延びる

　次に動物をもちいた基礎研究として、情報環境が生命現象全般に及ぼす包括的な影響を明らかにするとともに、自然環境音を長期間にわたって生体に呈示し続けることの安全性を評価するために、実験動物であるマウスの飼育環境の音情報の違いが、マウスの自然寿命にどのような影響を及ぼすかを長期飼育実験により検討した結果を紹介する。8週齢のマウスを(1)熱帯雨林環境音を呈示する自然環境音飼育群（32匹、オス16匹、メス16匹）と、(2)通常の実験動物飼育環境である暗騒音（いわゆる無音条件）下で飼育する対照群（32匹、オス16匹、メス16匹）とに分け長期飼育した結果、自然環境音飼育群のマウスは、対照群のマウスと比較して寿命が約17%延長し（図14-4左）、自発活動量も多いことが示された。これらの変化はいずれも統計的に有意なものであった。一方、生存曲線（図14-4右）を見てみると、各条件とももっとも長生きしたマウスの寿命はほぼ同じなのに対して、環境音を呈示した条件では、呈示していない条件より、マウスが死に始めるのが遅いことがわかった。そこで、各ケージ内での個体の寿命を詳しく解析すると、自然環境音を呈示した条件では、最短寿命が延長し、寿命のばらつきが小さくなることが明らかになった。つまり、自然環境音を呈示しない標準

的な条件で飼育すると、個体の優劣によって寿命が大きくばらつき、弱い個体は早死し、強い個体は長生きするのに対して、自然環境音を呈示しながら飼育した場合には、ある一定の期間はすべての個体がそろって健康に過ごし、ある時点からパタパタとそろって死を迎えることが示唆されたのである。

　この結果は、通常の飼育環境に自然環境音を加えて音環境を豊かにすることにより、マウスの自然寿命が延長することを示した世界初の報告である。マウスの実験結果を短絡的に人間に当てはめることには慎重であるべきだが、今後人間にとって安全・安心・快適・健康な環境を実現するうえで、音環境を含む情報環境を適切に設計して整備することの重要性を示す知見といえる。同時に、さまざまな精神・神経疾患に対して、脳の物質的な側面に手を加えるだけではなく、情報環境を整えることで情報処理の側面からアプローチする新しい治療法「情報環境医療」を支える基盤的な知見となりうる。

7. 情報医学・情報医療の健やかな発展に向けて

　本章の最後に、情報医学・情報医療の最大の特徴は、人間に元来具わっている脳の情報処理機能をもちいて健康や病気にアプローチすることから、病気の治療のみならず、予防にも効果が期待できることを指摘しておきたい。とくに情報環境医療は、生存に必須であるにもかかわらず、環境のなかに欠乏している情報要因を補充することから、物質医療のビタミン補充に通じるものがある。情報医学・情報医療の対象は、すでになんらかの疾患を発症した患者だけでなく、未病の段階にある人や、健康な人の疾患予防にもポジティブな効果をもたらすことが、少なくとも原理的に期待できる。

　さらに、このことと深く関連して、情報医学・情報医療のもうひとつの大きな利点として、生体に対する侵襲性の少ない情報を活用することにより、それを駆使することのできる人や産業の裾野を大きく拡張した〈情報医工学〉を確立しうることがあげられる。現代医学の主流をなす物質医学の大部分は、〈医行為〉すなわち「当該行為を行うに当たり、

医師の医学的判断及び技術をもってするのでなければ人体に危害を及ぼ
し、又は危害を及ぼすおそれのある行為」に該当することから、これを
反復継続する〈医業〉をなすのは医師でなければならないことが、医師
法第 17 条に定められている。これに対して、情報医療でもちいる〈情
報による介入〉は、少なくとも現時点では医行為に該当しないとみなさ
れることが多い。したがって医師以外でもそれらを実施することが可能
であり、さまざまな産業の健康医療分野への参入を促進することに直接
寄与することが期待される。

　ただしこうした状況は、今後の情報医学・情報医療の発展にともな
い、急速に変貌していく可能性がある。この点について、情報医学・情
報医療の健全な発展という面から、あえて警鐘を鳴らしておきたい。実
は、従来の非薬物療法や代替医療の枠組みのなかには、経験に基づいて
さまざまな情報面からの治療的アプローチが試みられているものが数多
くある。しかし残念ながら、少なくとも現時点では物質医学に匹敵する
だけの客観性や再現性を有したものは必ずしも多くない。なかにはある
種の占いのように、科学的根拠が希薄なものも含まれており、その結
果、非薬物療法全体を似非科学として扱うような風潮すら見られること
は極めて残念なことである。

　物質医学と比較して、現状の情報医学に大きく欠けているのが、その
効果と安全性に関する盤石の客観的評価システムが欠けていることであ
ろう。たとえば物質医学の代表である薬物療法では、新たな薬剤を世に
出すためのプロセスが法律などによって厳密に定められているのに対し
て、情報医学・情報医療の場合、その効果を物質医学に匹敵するような
厳密さで評価したものは、現時点では極めて例外的であるといっても過
言ではない。さらに、情報の安全性に至っては、ほとんど検討の俎上に
すら載っていないかもしれない。これらは、物質医学に匹敵する自然科
学として情報医学・情報医療を体系化し育むために、必ず乗り越えない
といけない課題といえよう。

　そのための基礎工事として、先に述べたように、情報医学・情報医療
においては、まずなんらかの生体内化学反応に対応づける可能性をもっ

た時間的・空間的パターンを〈情報〉と定義し限定した。この制約条件を導入することによって、情報現象を物質現象に翻訳することが可能になる。その結果、現代医学が物質医学のなかで確立してきた堅牢な客観性・定量性・再現性が情報医学にも導入され、情報医学・情報医療が反証可能性をもった自然科学の対象となることが期待されるのである。

こうして情報医学を物質医学と同じ土俵の上で論じることが可能になると、その効果だけでなく安全性についても厳密な評価が必要であることが容易に理解できる。たとえば、先に先端的な情報医療の例として述べた Decoded Neurofeedback では、自己の脳活動パターンという「人類がこれまでに経験したことのない情報」を与え、それを操作させる。このことの安全性は、「脳における物質と情報の等価性」を考慮すれば、「人類がこれまでに経験したことのない物質」を投与する場合と同等に、すなわち新薬の〈治験〉に匹敵する評価システムによって担保される必要がある。さらに、こうした安全性に対する原理的な懸念だけでなく、より現実的かつ具体的な懸念も無視してはならない。たとえば、うつ病の人が自己の脳活動パターンを健常な人のそれに近づけることによって、うつ症状を改善することができるのであれば、逆に健常な人が自己の脳活動パターンをうつ病患者のそれに近づけることによって、うつ病を発症することも原理的には可能なはずである。効果が明らかであればあるほど、安全性に対する懸念は高まる。健常な人の脳活動パターンを目標となるレファレンスとして呈示すべきところ、一種の医療事故によってファイル名を取り違え、患者の脳活動パターンを呈示してしまうようなことは、果たして皆無といえるであろうか。そうした医療事故を未然に防ぐためのさまざまな仕組みが、現代医療の現場では慎重に検討され実践されているのである。情報医学・情報医療の有効性が高まれば高まるほど、それに比例して安全性の担保が重要性を増す。「情報による介入は〈医行為〉ではない」いう軽率な認識が孕む危険性は、現時点において情報医学・情報医療が直面する最重要課題のひとつといえるかもしれない。

こうしたさまざまな課題が存在するものの、新しい情報医学・情報医

療の枠組みに対する注目は、現在世界的な拡がりを見せつつある。今後、人間に本来具わった情報処理のメカニズムを上手に駆使する情報医学・情報医療の枠組みが体系化され、物質医学に匹敵するだけの信頼性を得ることにより、病を治すだけでなく、心身を癒やし、健やかな人生を実現することに貢献することを願ってやまない。

🔘 研究課題

14-1　物質医学と情報医学・情報医療の利点と欠点を考えてみよう。

14-2　情報医学・情報医療として、経験的にどのようなものが試されているか、例をあげてみよう。

文献

1 ）　大橋力：情報環境学、朝倉書店（1989）
2 ）　大橋力：ハイパーソニック・エフェクト、岩波書店（2017）

15 情報学・脳科学がひらく
音楽の新しい可能性

仁科エミ

　本書では、「音楽」「情報」「脳」をめぐる情報学によるアプローチとその成果の一端を紹介してきた。本章では、今後の情報学や脳科学の発展が音楽にもたらす可能性や課題について論じる。

1. 脳科学・情報学の可能性と「神経神話」の克服

　脳科学の進展は著しく、計測時に負担が少ない脳機能計測手法が次々と開発されつつある。それらによって、音楽と脳との関わりについての知見も急速に蓄積されつつある。脳の報酬系を活性化する音情報を音楽と定義するならば、音楽と音楽にあらざる音とを定量的に評価・区別することもいずれ可能になるかもしれない。そして、そうした知見は、「音楽とは何か」という古くて新しい問いに、現代科学ならではの新しい切り口での答えを提供するものと期待される。

　また、情報学は脳科学と連携して、音楽に含まれる非知覚情報のなかに私たちの心と体の状態を改善しうる「音のビタミン」のような要素として、知覚限界を超えミクロなゆらぎ構造をともなう超高周波成分があり、それが基幹脳の活性を向上させることを明らかにした。基幹脳が多くの現代病の元栓に当たるような機能を果たしていることから、この効果を応用した〈情報医療〉が構想されていることは第14章で説明された。最近では、超高周波を豊富に含む音が、糖負荷後の血糖値上昇を顕著に抑制することが発見され、注目されている（文献１）。その血糖値上昇の抑制効果は、年齢の高い人やHbA1cが高い人など糖尿病のリスクが高い人でより著しい。とはいえ、こうした超高周波成分をともなう音

を、その情報構造を損なわずに記録・編集・配信・再生するためのシステムを実現し、誰もがその恩恵を享受できるように供給するうえでは、有効性の高い音源の確保や高性能で安価な再生システムの実現をはじめとする多くの課題が横たわっている。研究によって得られた知見を現実社会に応用するためには、まだなすべき研究開発が多くあるという段階にある。また、今後は、超高周波成分以外にも、そうしたポジティブな効果を有する未知の情報構造がさらに見出される可能性も期待される。

　一方、脳科学の研究成果が次々と公表され、その影響は学術領域のみならず一般社会にも強く及んでいる。それによって、科学的な装いをまとった脳に関する誤解や迷信、いわゆる〈脳科学神話〉〈神経神話〉も続々と生まれ、それらを利用した適切とは言いがたい報道、書籍、商品なども残念ながら存在している。

　神経神話とは〈Neuromyths〉の訳語で、経済協力開発機構（OECD）のホームページ（文献 2）では「今日の社会で当たり前の常識になっている脳機能に関する誤解」として、いくつかの例をあげて警鐘を鳴らしている。たとえば、「脳はある種の情報については“臨界期”と呼ばれる特定の期間に限り可塑性を示す。その結果、生後の初めの 3 年間がその後の成長と人生の成功に決定的な役割を果たす」「左脳は分析的、右脳は直感的な情報処理を行っているので、どちらの脳を主に使うかでその人の考え方や性格が決まる」とか、「左脳を使う人は論理的で数学者に向いていて、右脳を使う人は芸術家の資質がある。現在の学校教育は左脳教育に偏っているので、右脳を活性化することが必要である」などの言説である。それらは、限られた論拠を一般化するものであり、教育、ストレス、美容、老化など、現代社会の深刻な問題関心と高い親和性を示す。

　音楽に関わりの深い有名な例として、「モーツァルトを聴くと頭がよくなる」「モーツァルトに代表されるクラシック音楽を聴くと頭がよくなる」という主張（モーツァルト効果）がある。

　その発端は、カリフォルニア大学のフランシス・ラウシャーを中心とする研究グループが行った実験が、1993 年の Nature に掲載されたこと

に始まる（文献3）。その概要は、36人の大学生をそれぞれ10分間、1）モーツァルト「二台のピアノのためのソナタニ長調K448」を聴く、2）リラクセーション用テープを聴く、3）音楽を聴かない（静寂）、という三つの状況に置いた後に空間認知に関するテストを受けさせ、点数を比較するというものである。その結果、モーツァルトの音楽を聴いた条件では他の二つの条件と比べて、テスト成績から算出した空間認知に関わるIQが8〜9ポイント上昇した。ラウシャーはこの結果から、モーツァルトのこの楽曲を聴くと空間認知に関するIQが8〜9ポイント上昇すると結論づけた。ただし、その効果は一時的で、10〜15分ほどしか持続しないとしている。また、これがこの楽曲固有の効果なのか、あるいはモーツァルト作品に一般的な効果なのかについては言及していない。

　にもかかわらず、この研究成果は「モーツァルト効果」としてマスコミに取りあげられ、その後、この結果を支持あるいは否定する多くの研究が行われた。ラウシャーの論文から6年後の1999年に、同じくNatureに発表されたハーバード大学のクリストファー・チャビスの論文（文献4）では、ラウシャーの論文以後のモーツァルト効果に関する16本の論文で得られたデータについてメタ分析を行い、モーツァルトの楽曲を聴いても空間認知分野以外での能力向上は小さいとした。さらにここでいう「モーツァルト効果」は他の作曲家の作品でも発生し、効果が得られるかどうかは音楽を聴く人がその音楽を楽しんでいるかどうかに依存するようだと考察している。つまりある種の音楽を聴くと、空間認知の分野においてのみ若干の能力向上が起こる可能性があるが、それは決してモーツァルト作曲による楽曲固有のものではなく、そのような効果をもたらす情報構造が特定されているわけでもない。そしてモーツァルト効果はもともと空間認知の分野での一時的な能力向上だけを指していたはずが、時が経つにつれて、「モーツァルトの楽曲を聴くと頭がよくなる」という神話・迷信が生まれてしまった。

　いかに脳科学が発展し、実験の自由度が高まったとはいえ、実験研究における制約は大きく、得られた結果はその実験条件下で観測された固

有の現象にすぎない。それを極度に一般化する危険は大きい。さらにそうした神話・迷信によって、脳科学的研究に対する不信感が生じるおそれもある。実験結果を正確に理解し、その適用範囲を適切に設定するリテラシーの重要性が、いよいよ高まっている。

2. 「音楽」「情報」「脳」の架橋を阻むもの

　本書における情報学のアプローチには、芸術から脳科学に及ぶ幅広い専門領域の知識や研究手法がもちいられていることはこれまで述べてきたとおりである。こうした複数の専門領域を架橋するアプローチは情報学の大きな特徴といえる。あらためて考えてみると、音楽は情報にほかならず、情報は脳で処理される、というように、「音楽」「情報」「脳」は本来、密接な関係にある。しかし、この三者を緊密に連携させたアプローチは、これまでそれほど本格的になされてきたとは言いがたい。「音楽」は"芸術"、「情報」や「脳」は"学術"領域に属するものとみなされ、学術領域のなかでも、情報を扱う理工学と脳を扱う生理学・医学とは峻別された別個の専門領域とされている。人材育成は細分化された専門領域のなかでなされ、それぞれを担う別個の芸術家と研究者とが共同して問題にあたることはあっても、それらの活性が一個の頭脳のなかに共存し一定以上の水準の活性を発揮する例は極めてまれになっている。

　20世紀を通じて西欧近現代文明を科学技術文明として完成させ、空前の「繁栄」をもたらした決定的な基盤のひとつが、対象領域を特定し、他と切り離して力を集中する高度な専門分化方式であることは言うまでもない。学術、技術そして芸術を目的・対象・方法などの切り口で細分化し、限定的に構成された個々の分野において単機能性に磨き上げられた専門家たちが活躍する効果は、これまで確かに著しかった。

　しかし、振り返ってみると、縦割りに細分化された特定分野に活性を集中し、相対的にその他の分野への対応を希薄化した現在の私たちになじみ深い〈限定的単機能専門分化方式〉（第1章）および〈専門家〉が登場したのは、それほど古いことではない。それは、たかだか19世紀

半ばの出来事であることに注目する必要がある。それ以前は、いま私た
ちが物理学、化学、数学などと呼んでいるものはすべて、〈哲学〉とい
う大きな枠組みのなかに収まっていた。事実、ニュートンの『プリンキ
ピア』の正式表題は、Philosophiae Naturalis Principia Mathematica で
あり、ドルトンの『化学の新体系』のそれは A New System of
Chemical Philosophy で、どちらも Philosophy すなわち「哲学」を標榜
している（文献5）。

　一方、現代の先鋭化した限定的単機能専門分化は、第1章で述べたよ
うに専門分野間の空白をつくり出し、それが現在の地球環境問題や核の
脅威の源流をなしていることは否定できない。

　現代では、すでに蓄積されている高度に専門的な科学の知識を前提に
しなければ、新しい成果をあげることは難しい。現時点で自然哲学時代
のやり方をとるとなると、領域を限定することがないので、しばしば主
題に合わせたいくつもの分野を動員して対応させることになり、それが
力の分散として作用する。それでも個々の分野の水準を単機能専門レベ
ルに置こうとすると、絶大なエネルギーと時間と能力が必要になる。ま
た、どこに潜んでいるかわからない分野間の相互作用や依存性を発見す
る合理的論理的方法論も存在していない。これらの困難を限定的単機能
専門分化方式に比べると、デメリットばかりが目立つ。

　ただし、脳の実際の働きに目を向けると、脳を構成する臓器や部位相
互間の連関は、徹底して高次元かつ濃密になっている。ひとつの部分
が、他のすべての部分および脳の全体と直接間接になんらかのつながり
をもっているであろうことを否定できない。それらによって脳は〈相互
作用性〉〈相互依存性〉、そして〈全体性〉の極致に達している。さら
に、脳というシステムそれ自体が自律的に回路構成を組み換え続けてい
る流動的存在でもあり、いつ、どこに新局面が発現するかわからない。
つまり、脳というものは、全方位に向かって開かれた究極の〈非限定非
分化流動性機能体〉にほかならない。こうした脳に立ち向かうとき、現
在標準的な限定的固定的専門分化方式の限界は著しく、哲学のような非
限定非分化全方位型活性方式がより原理的な適合性を宿している可能性

は濃厚といえる。

　本書におけるアプローチは、このような背景のもと、全方位非分化型の自然哲学風アプローチを視野に入れながら行われている。同時に、研究者音楽家としての一人称の主観的内観的過程（現象学的スタンス）と、脳機能解析という客観的実証的過程（科学的スタンス）とを分離せず組み合わせる、という、先祖返りともいえる「原始的」な、しかし見方によっては「新しい」手づくりの方法論を試みてもいる。そうした非分化全方位型活性構築への途は、誰にでも開かれている。そうしたプロセスへの着目が、今後の情報学の発展を大きく支援すると信じる。

🎸 研究課題

15-1　OECD の〈神経神話〉に関するウェブサイトを閲覧し、どのような事例があげられているかを調べてみよう。

15-2　超知覚情報を含む音楽や環境音を私たちを取り巻く情報環境に取り戻すためにどのような方法がありうるかを考えてみよう。

文献

1）　N Kawai, M Honda, E Nishina, O Ueno, A Fukushima, R Ohmura, N Fujita, T Oohashi：Positive effect of inaudible high-frequency components of sounds on glucose tolerance：a quasi-experimental crossover study, Scientific Reports, 12, 18463（2022）
2）　https://www.oecd.org/education/ceri/neuromyth1.htm（閲覧月：2022 年 2 月）
3）　Rauscher FH, Shaw GL, Ky KN：Music and spatial task performance, Nature, 365（6447）：（1993）
4）　Chabris CF：Prelude or requiem for the 'Mozart effect'?, Nature, 400（6747）；author reply 827（1999）
5）　小泉英明編著：脳科学と芸術、工作舎（2008）

索引

●配列は五十音順，＊は人名を示す。

分担執筆者紹介

本田　学 （ほんだ・まなぶ）

・執筆章→ 2・3・4・14

1964 年　　三重県に生まれる
1995 年　　京都大学大学院医学研究科博士課程修了
現在　　　国立精神・神経医療研究センター神経研究所部長、早稲田
　　　　　大学客員教授，東京農工大学客員教授、博士（医学）
専　攻　　神経科学、臨床神経生理学、脳イメージング
主な著書・　言語と思考を生む脳（共著　東京大学出版会）
論文　　　イメージと認知（共著　岩波書店）
　　　　　脳の発達と育ち・環境（共著　クバプロ）
　　　　　先進　脳・神経科学（共著　培風館）
　　　　　認知科学への招待 2（共著　研究社）
　　　　　脳・神経の科学 II　脳の高次機能（共著　岩波書店）
　　　　　よくわかる認知科学（共著　ミネルヴァ書房）
　　　　　音楽と脳（共著　クバプロ）

編著者紹介

仁科　エミ （にしな・えみ）
・執筆章→ 1・5・6・7・12・13・15

1960 年	東京都に生まれる
1984 年	東京大学文学部西洋史学科卒業
1991 年	東京大学工学系大学院都市工学専攻博士課程修了、工学博士 東京大学工学部助手、文部省放送教育開発センター助教授 等を経て、
現在	放送大学教授
専攻	情報環境学
主な論文	「Inaudible high frequency sounds affect brain activity. A hypersonic effect」, 共著, Journal of Neurophysiology 83, 3548-3558, 2000. 「ハイパーソニック・エフェクトを応用した市街地音環境の改善とその生理・心理的効果の検討」、共著、日本都市計画学会都市計画論文集 42-3、139-144、2007. 「Frequencies of inaudible high-frequency sounds differentially affect brain activity: positive and negative hypersonic effects」, 共著, PLOS ONE, 9: e95464, 2014. 遠隔教育のためのパソコン活用（共著　放送大学教育振興会）

河合　徳枝 （かわい・のりえ）
・執筆章→ 8 ・9 ・10・11

1956 年	静岡県に生まれる お茶の水女子大学卒業 筑波大学環境科学研究科修了 筑波大学医学研究科修了、博士（医学）
現　在	公益財団法人国際科学振興財団　特任上級研究員 国立精神・神経医療研究センター客員研究員
専　攻	精神生理学、情報環境学
主な著書・論文	人間と社会環境（共著　放送大学教育振興会） 「Catecholamines and opioid peptides increase in plasma in humans during possession trances」, Kawai N et al., NeuroReport, 12, 3419-3423, 2001. 「Electroencephalogram characteristics during possession trances in healthy individuals」, Kawai N et al., NeuroReport, 28, 949-955, 2017. 「Positive effect of inaudible high-frequency components of sounds on glucose tolerance: a quasi-experimental crossover study」, Kawai N et al., Scientific Reports, 12, Article number: 18463, 2022.（Online publication）

放送大学大学院教材　8971021-1-2311（ラジオ）

三訂版　音楽・情報・脳

発　行　　2023 年 3 月 20 日　第 1 刷
編著者　　仁科エミ・河合徳枝
発行所　　一般財団法人　放送大学教育振興会
　　　　　〒 105-0001　東京都港区虎ノ門 1-14-1　郵政福祉琴平ビル
　　　　　電話 03（3502）2750

市販用は放送大学大学院教材と同じ内容です。定価はカバーに表示してあります。
落丁本・乱丁本はお取り替えいたします。

Printed in Japan　ISBN978-4-595-14194-2　C1355